John Ayodele

Desenvolvimento sustentável das cooperativas agrícolas

John Ayodele

Desenvolvimento sustentável das cooperativas agrícolas

Perspectivas do Banco da Agricultura (BOA) sobre o financiamento das cooperativas agrícolas

ScienciaScripts

Cover image: www.ingimage.com

This book is a translation from the original published under ISBN 978-620-7-64082-9.

Publisher:
Sciencia Scripts
is a trademark of
Dodo Books Indian Ocean Ltd. and OmniScriptum S.R.L publishing group

120 High Road, East Finchley, London, N2 9ED, United Kingdom
Str. Armeneasca 28/1, office 1, Chisinau MD-2012, Republic of Moldova, Europe
Printed at: see last page
ISBN: 978-620-7-62440-9

DESENVOLVIMENTO SUSTENTÁVEL DA COOPERATIVA AGRÍCOLA ENTRE OS BENEFICIÁRIOS DO REGIME DE EMPRÉSTIMOS DO BANK OF AGRICULTURE (BOA) NO ESTADO DE OGUN, NIGÉRIA

AYODELE JOHN OLUKAYODE

[1]DEPARTAMENTO DE DESENVOLVIMENTO COOPERATIVO E RURAL, UNIVERSIDADE DE AGRICULTURA E CIÊNCIAS AMBIENTAIS, UMUAGWO, ESTADO DE IMO, NIGÉRIA

JOHNAYODELE365@GMAIL.COM OU JOHN.AYODELE@UAES.EDU.NG

+2348064691846

RESUMO

Este livro centra-se no desenvolvimento sustentável da cooperativa agrícola entre os beneficiários do regime de empréstimos do Banco da Agricultura (BOA) no Estado de Ogun, na Nigéria. As três zonas da operação foram objeto de amostragem através de técnicas de amostragem em várias fases. Para o estudo, foram utilizados dados primários e secundários, obtidos através de um questionário bem estruturado a 120 inquiridos, dos quais cento e nove (109) foram devolvidos e aceites para análise dos dados. Os resultados obtidos sobre as características socioeconómicas dos agricultores cooperantes (BOA) revelaram que a maioria era do sexo masculino (58,7%), com menos de 50 anos (75,2), com uma média de 42,51 anos por cooperante, casados (75,2%), com uma dimensão moderada de 5 agregados familiares (média) por agregado, alfabetizados, com a grande maioria (98,2%) a possuir uma ou outra forma de educação formal, (71,6%), com a agricultura como ocupação principal, com uma média de 5 anos de experiência agrícola e (64,2%) praticantes do cristianismo como religião. A análise dos factores que influenciam o montante do empréstimo obtido revelou que a idade, a educação, a dimensão da exploração agrícola, o montante reembolsado, a experiência de empréstimo, entre outros. Enquanto a dimensão do agregado familiar tem uma relação negativa com o reembolso do empréstimo, a educação e a dimensão do empréstimo têm uma relação positiva com o mesmo. Em termos de constrangimentos à aquisição de empréstimos da BOA, a taxa de juro elevada, a burocracia e a incapacidade de apresentar um fiador foram considerados os principais constrangimentos à aquisição de empréstimos. Recomendou-se a realização de uma campanha de sensibilização e consciencialização da cooperativa de agricultores sobre as facilidades de crédito.

Palavras-chave: Cooperativa Agrícola, Aquisição de Empréstimos, Sustentabilidade, Facilidades de Crédito

CAPÍTULO UM
INTRODUÇÃO

A história do pensamento sobre o desenvolvimento sustentável e a sua subsequente evolução como paradigma de desenvolvimento estão bem documentadas na literatura. Embora existam várias definições e interpretações de desenvolvimento sustentável, a definição mais utilizada está contida no trabalho da Comissão Mundial sobre Ambiente e Desenvolvimento (WCED), que definiu o desenvolvimento sustentável como: "Esta definição baseia-se em dois princípios fundamentais do desenvolvimento, ou seja, as necessidades básicas e os limites ambientais. Ao ir além dos conceitos de sustentabilidade física para o contexto económico do desenvolvimento, a definição da WCED envolve uma transformação subtil mas extremamente importante do conceito de desenvolvimento sustentável de base ecológica.

É importante notar aqui que a WCED colocou o desenvolvimento sustentável firmemente no mapa da agenda política global. Por outras palavras, colocou estrategicamente a ligação entre ambiente e desenvolvimento no topo da agenda global. Os factores que despertaram a atenção da comunidade internacional para a equidade intergeracional em relação ao acesso aos recursos naturais incluíram a degradação ambiental generalizada, a existência de pobreza severa em todo o mundo e as preocupações com a obtenção e manutenção de uma boa qualidade de vida. Como Reed (2016) observou, o desenvolvimento sustentável surgiu da pressão pública, acabando por se impor na agenda dos governos e das instituições internacionais. O conceito de desenvolvimento sustentável foi agora adotado como a norma global para medir os objectivos e o desempenho do desenvolvimento nos países desenvolvidos e em desenvolvimento

Sustentabilidade social: Baseia-se na premissa da equidade e da compreensão da interdependência da comunidade humana para alcançar uma qualidade de vida aceitável - o objetivo último do desenvolvimento.

Por conseguinte, o desenvolvimento social sustentável diz respeito à equidade na distribuição da riqueza, dos recursos e das oportunidades a todos os cidadãos, a todos os níveis. Implica o acesso a normas mínimas de segurança, direitos humanos, benefícios sociais, por exemplo, alimentação, saúde, educação, abrigo e oportunidades de auto-desenvolvimento. Requer a participação política ativa na tomada de decisões e a responsabilização pública (Reed, 2016). Por outras palavras, a sustentabilidade social coloca a ênfase na equidade distributiva e de género, na prestação de serviços sociais, na estabilização da população, bem como na responsabilização e participação política.

2. **Sustentabilidade económica:** Requer que as sociedades gerem um fluxo ótimo de rendimento, mantendo o seu stock básico de capital humano, natural e criado pelo homem. Defende a internalização de todos os custos externos, incluindo os custos sociais e ambientais associados à produção e à disposição de bens, implementando assim o princípio dos custos totais (Reed 2016). A sustentabilidade económica tem, por conseguinte, a ver com uma gestão macroeconómica sólida, um crescimento que atenue a pobreza, políticas agrícolas adequadas, o papel do Estado e a internalização dos custos.

3. **Sustentabilidade ambiental:** Baseia-se na manutenção da integridade e da produtividade a longo prazo dos sistemas de suporte de vida e das infra-estruturas ambientais do planeta. Os economistas neoclássicos identificam a utilização ineficiente dos recursos naturais como a principal razão dos problemas ambientais. Esta ineficiência é causada por uma falha do mercado devido a efeitos externos Rennings e Wiggering, (2017). Por conseguinte, a sustentabilidade ambiental exige a utilização de bens e serviços ambientais de forma a que as suas capacidades produtivas não sejam reduzidas, nem a sua contribuição global para o bem-estar humano diminuída. Em termos práticos, a sustentabilidade ambiental assenta na utilização sustentável dos recursos, na manutenção das funções de sumidouro dos processos ambientais, na garantia do

aumento da qualidade e da quantidade do capital natural, na adoção do princípio da precaução e no estabelecimento de quadros institucionais adequados e apropriados para a proteção do ambiente.

O Banco Central da Nigéria (CBN 2014) definiu o Banco da Agricultura (BOA) como um tipo de banco que empresta dinheiro aos agricultores por períodos mais longos e cobra-lhes juros mais baixos. Por conseguinte, o Banco da Agricultura (BOA) é descrito como um banco de crédito expressamente criado em conformidade com as disposições legais para apoiar o desenvolvimento agrícola em todo o mundo, nomeadamente através da concessão de empréstimos por períodos mais longos do que o habitual nos bancos comerciais. Nas suas palavras, Adesina (2012), um economista e comentador social, conceptualizou sucintamente o Banco da Agricultura (BOA) como um banco que empresta dinheiro a indivíduos, basicamente agricultores.

O Banco da Agricultura (BOA) é a principal instituição financeira de desenvolvimento agrícola e rural do país. Foi constituído em 1972 como Nigerian Agricultural Cooperative Bank Limited (NACB) para refletir a inclusão do financiamento cooperativo no seu mandato mais vasto. Em outubro de 2001, na sequência dos esforços do Governo Federal para racionalizar as operações das suas agências, que se acreditava estarem a desempenhar funções sobrepostas, três instituições, o Nigerian Agricultural Cooperative Bank (NACB), o Peoples Banks of Nigeria (PBN) e os activos de risco do Family Economic Advancement Programme (FEAP), foram fundidos para formar o Nigerian Agricultural, Cooperative and Rural development Bank (NACRDB) em outubro de 2010, na sequência da mudança de marca do banco para refletir o seu programa de transformação institucional, o Banco adoptou o novo nome Banco da Agricultura (BOA) no ano de 2013.

As cooperativas agrícolas são cooperativas em que os agricultores reúnem os seus recursos em determinadas áreas de atividade, encorajando assim os membros a dedicarem-se ao cultivo conjunto de culturas alimentares e de rendimento, a comprarem insumos agrícolas a preços subsidiados e a criarem melhores preços de produção para os seus produtos agrícolas (Poulton, et al 2016). Tendo em conta a baixa capacidade financeira e o elevado nível de subdesenvolvimento, um agricultor individual não pode alcançar os desejos de produção em grande escala. Por conseguinte, é do interesse dos agricultores que os recursos sejam reunidos de modo a obter uma enorme vantagem colectiva, alargando assim a base industrial da economia e as técnicas de gestão (Epetimehin, 2016). Por exemplo, as sociedades cooperativas de agricultores são formadas para trazer mais insumos agrícolas e serviços de comercialização de produtos aos membros, aumentar a concorrência no sector dos serviços agrícolas e proporcionar poupanças e empréstimos aos membros, entre muitas outras funções. Os pequenos agricultores têm mais hipóteses com a formação de cooperativas agrícolas.

Declaração do problema

O crédito agrícola é um instrumento importante para obter os factores de produção em tempo útil, aumentando assim a produtividade das explorações agrícolas, em especial das pequenas. É um facto óbvio que os pequenos agricultores enfrentam muitos problemas para obter e devolver o empréstimo, que devem ser eliminados para obter melhores resultados e, consequentemente, melhorar a qualidade e a quantidade dos produtos agrícolas. Certamente, a utilização de facilidades de crédito na exploração agrícola poderia traduzir-se em maior emprego de recursos e utilização da capacidade, maior produção e rendimento, e reduzir a pobreza na economia rural, especialmente entre os agricultores, e ser útil para aumentar a produção alimentar que levaria a uma melhoria no bem-estar dos agricultores e, consequentemente, a uma redução dos seus níveis de pobreza e insegurança alimentar (Olagunju, 2017). No entanto, o acesso ao crédito agrícola tem sido uma questão espinhosa para os pequenos agricultores, nos seus esforços para melhorar a sua produção agrícola. No entanto, o Banco da Agricultura (BOA) foi criado como uma instituição financeira especializada para fins especiais, com o objetivo de conceder empréstimos agrícolas a clientes merecedores, como forma de promover o acesso a facilidades de crédito acessíveis a segmentos da sociedade nigeriana que têm pouco acesso aos serviços dos bancos convencionais, aceitando simultaneamente depósitos de poupança dos clientes e incentivando hábitos bancários nas bases.

Objectivos do estudo: O objetivo geral do estudo é determinar os factores de sustentabilidade que influenciam o acesso à oferta de crédito agrícola do Banco da Agricultura entre as cooperativas agrícolas do Estado de Ogun, na Nigéria. Especificamente, o estudo procura

i. examinar as características socioeconómicas dos agricultores que influenciam o acesso ao empréstimo obtido pelos agricultores junto do BOA

ii. identificar os obstáculos ao acesso dos agricultores à aquisição de empréstimos agrícolas junto do BOA

Importância do estudo: As cooperativas já estão presentes em todas as áreas em que os Objectivos de Desenvolvimento Sustentável propostos prevêem a direção que o mundo irá tomar para tornar o desenvolvimento sustentável uma realidade. Embora as cooperativas sejam fundamentais para facilitar o acesso a empréstimos agrícolas, especialmente de agências de desenvolvimento como o Banco da Agricultura. Há sempre a perceção de que as cooperativas não estão a fazer o suficiente para sensibilizar e preparar os membros para os esquemas e programas de empréstimos concessionais dos bancos de desenvolvimento.

Definições operacionais para o estudo

Taxa de juro: A taxa de juro é o preço que os mutuários pagam para consumir recursos agora e não no futuro (Incoom, 2012). É conveniente analisar o custo e a rendibilidade dos empréstimos. O teórico clássico centra-se na oferta e na procura de fundos emprestáveis para determinar os juros.

Garantia: Refere-se à garantia que o BdA precisa de tomar contra a possibilidade de incumprimento. É referida como a fonte secundária de reembolso. Este fator é tido em conta na avaliação do pedido do cliente.

Aquisição de empréstimos: Refere-se ao montante do empréstimo obtido durante um período de tempo. Este montante é determinado pela instituição de crédito após o cumprimento de alguns objectivos específicos para a concessão do empréstimo (Murray, 2011) **Análise do empréstimo:** A análise do empréstimo é o processo de avaliação do pedido de empréstimo de um requerente ou da emissão de dívida de uma empresa, a fim de determinar a probabilidade de o mutuário cumprir as suas obrigações.

Desenvolvimento rural: O desenvolvimento rural é o processo de melhoria da qualidade de vida e do bem-estar económico das pessoas que vivem nas zonas rurais, com vista à erradicação da pobreza.

Pequenos agricultores: Um pequeno agricultor é um produtor que cria gado, cria peixe ou cultiva culturas numa escala limitada no mundo em desenvolvimento, operando até 10 hectares.

CAPÍTULO DOIS

REVISÃO DA LITERATURA RELACIONADA

Revisão concetual

A Nigéria enfrenta o desafio de assegurar um abastecimento alimentar adequado à sua população de 150 milhões de habitantes. A Organização das Nações Unidas para a Alimentação e a Agricultura (FAO) tem incluído sistematicamente a Nigéria na lista dos países que são tecnicamente incapazes de satisfazer as suas necessidades alimentares. Isto deve-se ao facto de, na maioria dos países em desenvolvimento, como a Nigéria, os pequenos agricultores dominarem o sector agrícola da economia. São também muito importantes para o desenvolvimento mundial, já que 50% da população mundial depende deles (Afolabi, 2010). Os agricultores nigerianos são confrontados com uma miríade de problemas, um dos quais é o financiamento, apesar de os pequenos agricultores produzirem a maior parte dos alimentos consumidos localmente e algumas culturas de exportação que geram divisas para o país. Os factores de produção reconhecidos incluem a terra, o trabalho, o capital e o espírito empresarial. A área terrestre da Nigéria é de 923.770 quilómetros quadrados, ou seja, 92.377.000 hectares, dos quais cerca de 76 milhões de hectares são bons para a agricultura, mas menos de metade (33,49%) está atualmente a ser utilizada para a produção agrícola (Nation Master 2012). Exceto no que diz respeito ao sistema de posse da terra, espera-se que um agricultor médio na Nigéria tenha terra suficiente para cultivar. Antes da independência, a Nigéria gozava de uma economia agrária próspera. O problema do sector agrícola da Nigéria começou com a negligência deste sector quando a Nigéria se tornou uma economia de petróleo mineral na década de 1970. A taxa de crescimento da população (3,6%) ultrapassou a taxa de crescimento da produção alimentar (2,4%), o que resultou num fosso cada vez maior e perigoso entre a oferta de alimentos e a população a alimentar (Ingawa 2015). Antes da independência, em 1960, a agricultura contribuía com 70% do Produto Interno Bruto (PIB) da Nigéria e, em 1996, com 55%. Desde então, a sua contribuição tem vindo a diminuir de forma constante. Atualmente, o sector contribui com 41% do PIB do país. A razão para este declínio contínuo está associada à diminuição do rendimento per capita da nação, à falta de uma política nacional de crédito estável e à escassez de instituições de crédito que possam ajudar os agricultores (Rahji, 2017).

De acordo com Rahji (2017), o crédito ou o capital emprestado é visto como mais do que apenas outro recurso, como a mão de obra, a terra, o equipamento e as matérias-primas. Shepherd (2015) opinou que o crédito determina o acesso a todos os recursos de que os agricultores dependem. Por conseguinte, pode tornar funcional o potencial latente ou as capacidades subutilizadas. O nível de rendimento dos agregados familiares na Nigéria é relativamente baixo em relação ao capital necessário para a produção agrícola. Não há dúvida de que o empréstimo pode melhorar a produtividade, o rendimento e o bem-estar da população rural. Aliviará definitivamente as necessidades sazonais de capital de exploração ou os problemas decorrentes da quebra de colheitas, de doenças nas famílias ou de compromissos sociais inesperados (Ajakaiye 2015). Ojo (2018) relatou que 66,99% dos pequenos agricultores na Nigéria utilizaram os seus empréstimos em operações agrícolas, como mão de obra contratada, compra de implementos, fertilizantes, sementes e outros insumos agrícolas, enquanto 31,07% deles utilizaram o seu empréstimo para fins domésticos, como o pagamento da educação dos filhos e tratamento médico. Adebayo e Adeola (2018) relataram que os agricultores dependiam de empréstimos de fontes informais, sendo as sociedades cooperativas a fonte mais popular. O relatório indicou que o pagamento de salários consumia a maior percentagem do empréstimo obtido pela maioria dos agricultores.

Além disso, Fakayode et al. (2018) referiram que os beneficiários dos empréstimos eram jovens e que a soma desembolsada a cada beneficiário era pequena, o que resultava numa margem bruta baixa das actividades de cultivo. Além disso, o empréstimo não foi concedido atempadamente e a eficiência dos métodos utilizados pelo banco no que respeita à supervisão dos empréstimos foi classificada como baixa. Por conseguinte, a necessidade de empréstimos para fins agrícolas era essencial. Para o efeito, foram criados programas de empréstimos para melhorar o acesso dos agricultores a facilidades de crédito, de modo a aumentar a produção de alimentos e de culturas de rendimento. Um dos regimes é o Banco Nigeriano de Agricultura, anteriormente conhecido como Banco de Cooperativas Agrícolas e de Desenvolvimento Rural da Nigéria (NACRDB), para satisfazer as necessidades de crédito no sector agrícola. Oladeebo(2018). Recorde-se que o NACRDB foi criado na sequência da fusão bem sucedida do antigo Banco Popular da Nigéria (PBN), do extinto Banco Agrícola e Cooperativo da Nigéria (NACB) Ltd. e do Programa de Promoção Económica das Famílias (FEAP) em outubro de 2000 (FGN 2000).

O governo também mandatou os bancos comerciais da Nigéria para concederem facilidades de crédito ao sector agrícola do país, a fim de alargar o âmbito das operações agrícolas, adotar novas tecnologias, melhorar a utilização óptima dos factores de produção agrícola e aumentar a produção agrícola e, consequentemente, aumentar a consecução da autossuficiência alimentar. Infelizmente, apesar da importância do empréstimo na produção agrícola, o seu reembolso está repleto de uma série de problemas, especialmente na agricultura de pequena escala. Estes incluem o processo de aquisição do empréstimo, os termos e acordos, os componentes do empréstimo, os planos de desembolso e os planos de reembolso, a experiência agrícola, a dimensão da exploração, o rendimento bruto da exploração, a taxa de juro, a produção agrícola e, recentemente, os factores das alterações climáticas, entre outros. O mau reembolso dos empréstimos afectou muitas instituições financeiras, ao ponto de as levar à liquidação. Ao longo dos anos, os agricultores têm-se revelado insensíveis, resolutos e pouco reactivos no reembolso dos empréstimos agrícolas adquiridos aos bancos Oladeebo, (2018). Pouco se sabe sobre os fatores socioeconómicos que afetam o reembolso dos empréstimos, uma vez que a maioria dos agricultores se abstém, voluntária ou involuntariamente, de pagar (Awoke 2014). Os empréstimos obtidos junto destas instituições de crédito tornam-se onerosos para os mutuários e parecem irresolutos para as instituições de crédito. Armah e Park (2012) opinaram que, a menos que sejam efectuadas recuperações substanciais de dívidas vencidas, as instituições de crédito não só não poderão conceder mais empréstimos, como também poderão ter dificuldades em cumprir as obrigações legais. Por conseguinte, para facilitar o acesso dos agricultores aos empréstimos, é importante que estes sejam reembolsados regularmente. Por conseguinte, foi necessário atualizar constantemente a posição e os sentimentos dos agricultores em relação à aquisição de empréstimos e à capacidade de reembolso, e compreender a administração do sistema de empréstimos do Banco da Agricultura (BOA) e alguns dos conceitos da teoria da administração de empréstimos.

Crescimento e desenvolvimento das cooperativas agrícolas na Nigéria

De acordo com Berko (2015), no domínio da aquisição de terras, há apenas alguns casos em que as cooperativas adquiriram terras para os seus membros. Esses poucos casos foram aqueles em que as Autoridades de Desenvolvimento das Bacias Hidrográficas, principalmente e, em certa medida, a antiga Autoridade Nacional de Desenvolvimento de Terras Agrícolas (NALDA), cederam terras às cooperativas. Um exemplo disso é o antigo Projeto de Arroz do Banco Mundial em Adani, Área do Governo Local de Uzo-Uwani, no Estado de Enugu, que utilizou a terra, desenvolveu um projeto que, infelizmente, não pôde ser sustentado e que ruiu há cerca de quinze anos. Um projeto semelhante, mas numa escala muito mais vasta, foi o da Autoridade para o Desenvolvimento da

Bacia do Delta do Níger. Esta autoridade desenvolveu terrenos nos quais organizou cooperativas para vários projectos agrícolas no Estado do Rio, atualmente nos Estados do Rio e de Bayelsa. Devido às frequentes mudanças de política, os projectos agrícolas através de cooperativas têm sido dominados. Na parte norte do país, as terras Fadama são parcialmente geridas por cooperativas ou grupos de utilizadores Fadama. As parcelas de terra encontram-se num conjunto contíguo, sendo os agricultores cooperativos abastecidos com instalações de irrigação. O nível de integração nas cooperativas é, nalguns casos, bastante elevado, uma vez que, para além da gestão das terras, certos factores de produção são fornecidos a estes agricultores através das cooperativas a que os agricultores devem pertencer. A comercialização é também, em alguns casos, efectuada de forma cooperativa, especialmente nos casos em que os factores de produção são fornecidos por empresas de transformação aliadas à agricultura, e os agricultores membros das cooperativas são, por conseguinte, os seus produtores externos.

Nos últimos anos, segundo Berko (2015), há cada vez mais pessoas que querem dedicar-se à agricultura, mas a sua ambição foi travada pelo facto de terem muito pouca terra ou de não a terem de todo. Entre essas pessoas encontram-se os reformados, tanto civis como militares, e os trabalhadores despedidos. O autor acredita que alguns jovens estariam dispostos a dedicar-se à agricultura se houvesse terra disponível e um ambiente propício. A aquisição de terras por cooperativas em grande escala é, portanto, necessária neste país para facilitar a aquisição de terras, quer do governo, quer das comunidades ou de proprietários individuais. Grandes extensões de terra ainda estão ociosas em várias comunidades e é necessário um quadro institucional apropriado, especialmente através de cooperativas, para colocar essas terras sob cultivo eficiente.

Berko (2015) observou que ainda não encontrou cooperativas formadas especificamente para fornecer serviços de tração animal ou de tração de tractores. Os pequenos agricultores dependem de fornecedores governamentais e privados de serviços de maquinaria agrícola, mas geralmente não possuem nenhuma. Por conseguinte, estes agricultores gastam enormes somas de dinheiro para empregar mão de obra manual dispendiosa para limpar e preparar as suas terras agrícolas para o cultivo. Isto explica em parte o facto de os nossos agricultores continuarem a cultivar pequenas explorações. Para melhorar a produção agrícola, são necessárias explorações agrícolas de média e grande dimensão, que permitam cultivar cada vez mais terras. As nossas cooperativas também não foram capazes de organizar os membros em cooperativas de tração animal para minimizar o trabalho árduo da agricultura. No que respeita ao fornecimento de instrumentos agrícolas, poucas cooperativas estão envolvidas. As cooperativas são, portanto, um fracasso também neste domínio (Berko, 2015). Como Berko (2015) refere ainda, o fornecimento de factores de produção aos agricultores através de cooperativas, pensa-se, deveria ter sido uma área prioritária das cooperativas. Surpreenderia muitos leitores e observadores que esta é uma das áreas negligenciadas. Todos falam da adoção de uma agricultura melhorada e sustentável. No entanto, dificilmente existem hoje cooperativas que afirmem ter-se saído bem neste domínio. De facto, há muito poucas cooperativas hoje na Nigéria, quer como sociedades de finalidade única ou polivalente, que tenham fornecido aos seus membros uma variedade melhorada de culturas e/ou gado nos últimos dez anos ou mesmo mais.

As excepções são as cooperativas de terra de Fadama. Por conseguinte, somos tentados a perguntar (Berko) o que é que estas cooperativas têm feito. Em todos os Estados da federação, com uma ligeira exceção dos Estados do Sudoeste e dos Estados de Bauchi e Gombe, as cooperativas agrícolas têm sido um grande fracasso no desempenho das funções acima referidas e mesmo noutras áreas. Este fraco desempenho das cooperativas agrícolas em geral em África foi observado por Hussion et al (2014), citado em Berko (2015). Tal como Chukwu (2015) observou corretamente o fraco desempenho das cooperativas africanas. Mesmo na agricultura de subsistência, onde residem as prioridades dos agricultores, a produtividade diminuiu e é incapaz de sustentar a população, pelo que os factores de produção alimentar e a drenagem de divisas continuaram. Um documento da OIT sobre a reforma das cooperativas, citado em Berko (2015), exprime um ponto de vista semelhante quando afirma em parte: em vários países do mundo, o termo cooperativa adquiriu uma conotação negativa e muitos peritos em desenvolvimento estão convencidos de que a era do desenvolvimento cooperativo terminou. Este é o resultado de tantas desilusões com a promoção cooperativa no mundo em desenvolvimento e noutros lugares. De facto, não é raro, segundo Berko (2015), ouvir o público em geral, as organizações doadoras, as ONG, os políticos e até os próprios membros das cooperativas manifestarem preocupação com o estado insatisfatório do movimento cooperativo nacional. O documento da OIT, citado em Berko (2015), coloca finalmente a questão: porque é que tantas organizações cooperativas não conseguiram corresponder às expectativas? Esta má impressão sobre o cooperativismo torna muitas vezes difícil, também neste país, convencer as pessoas de que as cooperativas são verdadeiros instrumentos de desenvolvimento agrícola e de desenvolvimento em geral.

Administração de empréstimos

A administração do empréstimo é o aspeto do serviço do empréstimo, desde o momento em que as receitas são dispersas até ao pagamento do empréstimo. Inclui o envio de pagamentos mensais, a manutenção de registos de pagamentos e saldos, a cobrança e o pagamento de impostos e seguros, a remessa de fundos e o acompanhamento de incumprimentos. É da responsabilidade do administrador do empréstimo manter os registos de pagamento e monitorizar o cumprimento do contrato de empréstimo.Bruck (2014) defende que a administração do empréstimo vai para além da aprovação dos empréstimos. Requer o controlo e a supervisão dos empréstimos pendentes para garantir os seus reembolsos. Os empréstimos pessoais concedidos a trabalhadores assalariados registam uma percentagem mais elevada de reembolsos. O administrador tem todo o interesse em ajudar o mutuante e o mutuário a chegarem a um acordo, porque se o empréstimo for anulado, o administrador não tem nenhum empréstimo para servir, perdendo assim o negócio. Enquanto gestor ou gestor de serviços, após o fecho de um empréstimo, tratará exclusivamente com os gestores de empréstimos e não com o mutuante, se não forem a mesma pessoa. Muitas vezes, as mesmas pessoas que emitem os empréstimos não os servem, criando antes um departamento separado para os servir. Afolabi (2010).

Aquisição de empréstimos

Refere-se ao montante do empréstimo obtido durante um período de tempo. É, por isso, imperativo estudar os factores que influenciam o acesso a empréstimos agrícolas a agricultores cooperativos pelo banco da agricultura. Para que um agricultor possa retirar benefícios de qualquer empréstimo institucional, o tamanho do empréstimo, o processo de concessão desses empréstimos, a pontualidade no desembolso e o reembolso são muito importantes, para além do nível de educação, do estado civil e do tamanho da família. Neste contexto, o presente estudo destina-se a complementar a literatura existente e a servir de ponte entre o banco da agricultura e os agricultores, na determinação dos factores que influenciam a sua vontade ou falta de vontade de satisfazer as necessidades de crédito dos agricultores rurais. Por conseguinte, se a sua empresa ainda não estiver registada na Comissão de Assuntos Empresariais (CAC), terá de o fazer primeiro. Ao contrário de outras instituições financeiras, o BOA não concede empréstimos diretamente aos clientes. Para ter acesso ao crédito, pode ser necessário abrir uma conta no BOA numa das suas agências espalhadas pelo país. No entanto, é necessário ter em conta várias etapas antes de se poder obter ou adquirir um empréstimo. Os bancos têm alguns procedimentos de pedido de empréstimo e requisitos contidos nos seus documentos de política de empréstimo para orientar os funcionários de empréstimo no processamento de empréstimos para os clientes. Seguem-se alguns dos factores considerados na concessão de empréstimos:

1. Antecedentes do candidato.
2. O objetivo do pedido.
3. O montante do pedido de empréstimo.
4. O montante e a origem da contribuição do mutuário.
5. Condições de reembolso do mutuário.
6. Garantia proposta pelo mutuário.
7. Avaliação do título por um profissional
8. Localização da empresa ou do projeto.
9. Solidez técnica e financeira da proposta de empréstimo (Biney, 2015).

A lista de controlo necessária para que um empréstimo seja aprovado pelo Banco da Agricultura (BOA) é a seguinte

1. Formulário de candidatura preenchido
2. Perfil da empresa
3. Plano de negócios
4. Orçamento do fluxo de caixa
5. Extractos bancários (12 meses)
6. Contas financeiras auditadas
7. Certificado de liquidação de impostos
8. Certificado de constituição de sociedade
9. Meios de identificação válidos (carta de condução, passaporte, cartão de eleitor)
10. Comprovativo de morada
11. Informações pormenorizadas sobre as garantias oferecidas (se for caso disso)

Reembolso do empréstimo

O reembolso dos empréstimos determina a capacidade do banco para conceder novos empréstimos, a rendibilidade e a idoneidade dos depositantes. Por conseguinte, os bancos devem ser prudentes na sua gestão dos empréstimos. Embora os registos dos clientes sejam utilizados para determinar a sua capacidade para assegurar o serviço do empréstimo, alguns clientes têm tendência para ocultar a sua verdadeira situação em termos de solvabilidade. Este facto torna difícil para os bancos determinar a verdadeira situação, bem como o possível reembolso. O reembolso dos empréstimos de algumas pessoas colectivas e de pequenas e médias empresas depende em grande medida do período de cobrança dos devedores, que determina o padrão de reembolso. Ao conceder empréstimos, o banco deve orientar-se pela tendência e pelas linhas de negócio dos clientes.

Taxa de reembolso: Mede o montante do pagamento recebido em relação ao montante devido. Não mede a qualidade ou o risco da carteira.
Montante recebido no períodoMontante devido no período× Montante devido no passado

Acompanhamento dos empréstimos

O controlo é parte integrante do processo de gestão dos empréstimos. Permite ao banco informar-se sobre a evolução dos trabalhos. Permite aos responsáveis pelo crédito saber se os reembolsos são efectuados como previsto no contrato de empréstimo. O controlo constante evita o desvio dos empréstimos. Rouse (2010) reconhece que o controlo regular dos empréstimos melhora a imagem dos mutuantes aos olhos do cliente, mas é uma área que muitos mutuantes ignoram, mas, se for efectuado corretamente, a ocorrência de incumprimentos de empréstimos reduzirá drasticamente. A administração das pequenas empresas propôs um sistema de controlo dos empréstimos que utilizaria a tecnologia e novos processos para gerir as suas carteiras de empréstimos, identificar e atenuar eficazmente os riscos incorridos através de empréstimos garantidos pela SBA, implementar a supervisão das operações internas e externas e calcular as taxas de bonificação (Koontz, 2001). Agyemang (2010) defende que os empréstimos devem ser monitorizados durante o período de reembolso do empréstimo. Os bancos devem garantir que os empréstimos estão a ser utilizados para fins legítimos, que a qualidade do empréstimo será mantida no futuro e que as suas fontes de reembolso estão protegidas, a fim de evitar uma deterioração inaceitável do crédito do banco. Se um mutuário mostrar sinais de dificuldades, o Banco deve poder atuar antes de ocorrerem perdas. Aballey, (2013) observou que o controlo dos empréstimos pode minimizar a ocorrência de incumprimentos através dos seguintes objectivos principais

i. Assegurar a utilização do empréstimo para os fins acordados.

ii. Identificar sinais de alerta precoce de qualquer problema relacionado com as operações da empresa do cliente que possam afetar o desempenho da instalação.

iii. Assegurar o cumprimento das condições do empréstimo.

iv. Permite que o mutuante discuta as perspectivas e os problemas da atividade do mutuário.

Avaliação de empréstimos

É o processo de análise do pedido de empréstimo de um requerente ou da emissão de dívida de uma empresa, a fim de determinar a probabilidade de o mutuário cumprir as suas obrigações. A Política de Empréstimos do Banco Rural Okomfo Anokye (2010) identifica a avaliação do empréstimo em duas fases: a primeira fase é uma avaliação preliminar do empréstimo para determinar se o requerente será capaz de se qualificar para um empréstimo do montante desejado. Esta fase inclui uma análise dos planos e especificações preliminares, a repartição dos custos do projeto, estudos de viabilidade, projecções financeiras para o projeto concluído e uma análise dos orçamentos mais recentes do mutuário, das demonstrações financeiras, das portarias/resoluções relativas às obrigações e da estrutura tarifária. São considerados vários factores durante a análise preliminar do crédito. Estes factores incluem a viabilidade do projeto, a situação financeira do mutuário, a sua capacidade para cobrir os pagamentos de dívidas existentes e potenciais, as taxas de utilização actuais e previstas, outras fontes de receitas e a estabilidade económica do mutuário. Embora o banco tenha a responsabilidade final de determinar se o historial de crédito e as garantias do requerente do empréstimo são suficientes para aprovar o empréstimo, trabalha em estreita colaboração com as partes interessadas nas estimativas de custos do projeto e na proposta económica do projeto proposto. Nalgumas situações, os projectos são modificados para que o candidato ao empréstimo possa realizar o projeto e ainda cumprir os requisitos mínimos de crédito.

Os pedidos que passam na análise preliminar de crédito passam para a segunda fase do processo de aprovação de crédito. Os candidatos em situação limítrofe são informados do seu estatuto e podem continuar no processo se assim o desejarem, com o entendimento de que o banco tem preocupações que precisam de ser resolvidas. Nesta fase, não há garantias de que qualquer dos projectos receba um empréstimo. Essa decisão só será tomada após a conclusão de uma avaliação final mais pormenorizada do empréstimo.

Supervisão de empréstimos

A supervisão do empréstimo é o processo de utilização do dinheiro do empréstimo, em que o desenvolvimento do empréstimo recebido depende do investimento correto do empréstimo recebido pelos membros. A supervisão não significa apenas a utilização do dinheiro do empréstimo, mas inclui o estatuto social do mesmo. A supervisão inclui visitar o local de investimento do dinheiro do empréstimo; verificar os materiais agrícolas no local da exploração, ou seja, os insumos e bens agrícolas. No entanto, a supervisão tem de ser efectuada pelo chefe de equipa e todos os membros têm de estar em contacto para garantir uma supervisão adequada. Embora o fluxo de tesouraria de um projeto deva servir de medida do bem-estar geral de uma entidade, outros factores como o ambiente social, económico, jurídico e político que afectam os sistemas dificultam uma supervisão adequada.

Controlo dos empréstimos

Trata-se do processo de proteção da carteira contra os riscos. Agyemang (2015) defende que os empréstimos devem ser controlados e protegidos durante o período de reembolso do empréstimo. Os bancos devem garantir que o empréstimo está a ser utilizado para fins elegíveis, que a qualidade do empréstimo se manterá no futuro e que as suas fontes de reembolso estão protegidas, a fim de evitar uma deterioração inaceitável do crédito e do corpus do banco. Caso um mutuário apresente sinais dessa deterioração, o Banco deverá poder atuar antes que se verifique uma perda.

Conceito de empréstimo

Empréstimo é definido como a oferta de dinheiro a uma pessoa ou entidade com a expetativa de que o reembolso seria feito com juros, quer por parcelas ou em um montante até uma data especificada, quando necessário um credor irá protegê-lo, pedindo ao mutuário para fornecer alguma garantia Ribeiro (2016). Do ponto de vista do autor sobre as garantias, alguns bancos concedem empréstimos sem aceitar qualquer garantia com a intenção de conquistar clientes para o banco. Esta tendência surgiu como resultado da concorrência entre bancos quando surgem problemas de crédito. O quadro jurídico não mudou muito, mas, com o passar dos anos, as leis que regulam a concessão de empréstimos continuam a ser revistas, alteradas ou mesmo totalmente substituídas para dar lugar a outras mais actuais e relevantes. Rouse (2015) considera que a concessão de empréstimos é mais uma arte do que uma ciência, porque envolve experiência e senso comum. Esta afirmação é, até certo ponto, verdadeira. Estes dois factores, por si só, podem aperfeiçoar alguns aspectos do crédito, mas não a sua totalidade. É através da ciência que os mutuantes elaboram os procedimentos contabilísticos, a análise dos créditos e dos riscos para avaliar a capacidade de pagamento do cliente, o quadro regulamentar, etc. Explicou que um mutuante empresta dinheiro e não o dá. Por conseguinte, existe a convicção de que o reembolso será efectuado numa determinada data futura. O mutuante tem de olhar para o futuro e perguntar se o cliente vai pagar na data acordada. O Comissário indicou que existirá sempre um certo risco de o cliente não conseguir reembolsar o empréstimo e é na avaliação deste risco que o mutuante deve demonstrar competência e discernimento. O mutuante deve ter por objetivo avaliar a dimensão do risco e tentar reduzir o grau de incerteza que existirá quanto à perspetiva de reembolso. O mutuante deve, por conseguinte, reunir todas as informações pertinentes e, em seguida, aplicar as suas capacidades de apreciação. Embora possam existir pressões dos clientes e de outras entidades que possam influenciar o julgamento do mutuante, este deve procurar chegar a uma decisão objetiva. Tendo em conta estes riscos de crédito que podem conduzir a maus empréstimos, os bancos têm alguns procedimentos de pedido de empréstimo e requisitos contidos nos seus documentos de política de empréstimo para orientar os funcionários de empréstimo no processamento de empréstimos para os clientes. Seguem-se alguns dos factores considerados na concessão de empréstimos:

1. Antecedentes do candidato.
2. O objetivo do pedido.

3. O montante do pedido de empréstimo.
4. O montante e a origem da contribuição do mutuário.
5. Condições de reembolso do mutuário.
6. Garantia proposta pelo mutuário.
7. Avaliação do título por um profissional
8. Localização da empresa ou do projeto.
9. Solidez técnica e financeira da proposta de empréstimo (Biney, 2015).

Biney (2015), também define empréstimo como uma quantia de dinheiro fornecida por um credor e tomada por um mutuário, pagável numa data futura em termos e condições específicos e regida por um contrato legal. A capacidade do banco para conceder empréstimos depende da sua mobilização de depósitos. Quanto mais elevados forem os depósitos mobilizados, melhor será a posição do banco para conceder empréstimos. Incoom (2012) indica que as exigências dos mutuantes e dos mutuários são diversas e contraditórias. Os mutuantes esperam rendimentos elevados sobre os fundos emprestados, enquanto os mutuários esperam pagar menos sobre o dinheiro que lhes é adiantado. Os depositantes esperam obter rendimentos mais elevados sob a forma de juros. Para o banco, equilibrar estes conflitos de interesses é assegurar a maximização dos lucros, tendo simultaneamente em conta o risco ambiental potencial, bem como a liquidez do banco.

A concessão de empréstimos é um elemento central das actividades bancárias e o aspeto mais arriscado da atividade bancária. Ao longo dos anos, os bancos têm ajudado os clientes a aumentar o capital da maioria das empresas e a torná-las financeiramente fortes para acelerar a construção da nação. Anaman (2016) afirma que, tal como os empréstimos dos bancos ajudam as empresas a florescer, os bancos também têm a sua quota-parte de lucro sob a forma de taxas e rendimentos para sustentar as suas operações. Os empréstimos bancários têm sido uma importante fonte de financiamento para a maioria das empresas. Por conseguinte, é necessário que os bancos e outras instituições financeiras sejam cuidadosos na administração dos seus empréstimos para evitar o risco inerente associado ao produto, a fim de maximizar o retorno dos accionistas e melhorar a imagem da instituição.

Agyemang, (2015) argumenta que, devido à natureza arriscada dos empréstimos bancários, é necessário efetuar uma avaliação exaustiva para estabelecer a verdadeira posição da situação antes de se tomar uma decisão. É neste contexto que a maioria dos bancos não está disposta a financiar pequenas empresas por razões como: falta de garantias, gestão fraca e inexperiente, falta de contabilidade adequada e afastamento físico de muitas empresas do sector informal. No que diz respeito às grandes empresas, os registos são facilmente acessíveis para efeitos fiscais e de avaliação dos empréstimos. No entanto, isto está sujeito a escrutínio porque, nalguns casos, os clientes preparam contas separadas para diferentes fins que não dão uma imagem verdadeira dos assuntos da entidade. O custo histórico utilizado na preparação das contas torna difícil prever o sucesso dos empréstimos bancários. Embora o fluxo de caixa de um projeto seja solicitado a servir de medida do bem-estar geral de uma entidade, outros factores, tais como o ambiente social, económico, jurídico e político que afectam os sistemas, tornam difícil prever o reembolso.

Perceção dos agricultores sobre o reembolso do empréstimo

O mandato do Banco da Agricultura (BOA) estipula que o reembolso dos empréstimos deve ser efectuado num prazo de 7 a 12 meses, a pagar em dinheiro, de uma só vez ou em prestações. A análise das condições de reembolso dos empréstimos revelou que a maioria dos agricultores discordava fortemente do período de reembolso. Isto pode não ser alheio ao facto de que a maioria das culturas arvenses como o milho, o arroz, o inhame, a mandioca, o feijão-frade, a soja, etc. requerem um mínimo de 7 meses desde a plantação até à colheita. Algumas culturas requerem um período de gestação mais longo.

Afolabi (2015) registou um atraso no desembolso de empréstimos a pequenos agricultores na Nigéria. Este facto pode ser considerado responsável pelo forte desacordo sobre o período de reembolso. Uma taxa de juro elevada tem o potencial de reduzir o retorno do investimento e, por conseguinte, afetar a capacidade de reembolso do empréstimo. No entanto, a maioria dos agricultores mostrou-se relutante quanto à utilização do certificado de propriedade de bens imóveis como garantia colateral. Edache (2016) referiu que os agricultores da Nigéria eram extremamente pobres, com rendimentos inferiores a 1 dólar por dia. Isto explica a sua incapacidade financeira para possuir um certificado de propriedade ou, provavelmente, para participar nas actividades de uma associação agrícola de renome, cuja posição como garantia seria aceitável para o Banco da Agricultura.

Significado de incumprimento do empréstimo

Em finanças, o incumprimento ocorre quando um devedor não cumpriu as suas obrigações legais de acordo com o contrato de dívida, por exemplo, não efectuou um pagamento programado ou violou um acordo de empréstimo (condição) do contrato de dívida. O incumprimento é a falta de pagamento de um empréstimo. O incumprimento pode ocorrer se o devedor não quiser ou não puder pagar a sua dívida. Isto pode ocorrer com todas as obrigações de dívida, incluindo obrigações, hipotecas, empréstimos e notas promissórias. O incumprimento é a incapacidade de reembolsar o empréstimo, quer por não ter concluído o empréstimo de acordo com o contrato de empréstimo, quer por negligenciar o serviço do empréstimo. O Consultative Group to Assist the Poor (CGAP) 2009 também definiu o incumprimento do empréstimo como o facto de um mutuário não poder ou não querer reembolsar um empréstimo e de a instituição de microfinanças (IMF) já não esperar ser reembolsada (embora continue a tentar cobrar). Além disso, Pearson e Greeff (2016) definiram o incumprimento como um limiar de risco que descreve o ponto no historial de reembolso do mutuário em que este não pagou pelo menos 3 prestações num período de 24 meses. Este limiar representa um ponto no tempo e um indicador de comportamento, em que existe um aumento demonstrável do risco de o mutuário acabar por entrar verdadeiramente em incumprimento, deixando de efetuar todos os reembolsos. A definição é coerente com as normas internacionais e foi necessária porque uma análise coerente exigia uma definição comum. Esta definição não significa que o mutuário tenha deixado totalmente de pagar o empréstimo e, por conseguinte, tenha sido remetido para processos de cobrança ou judiciais; ou, de uma perspetiva contabilística, que o empréstimo tenha sido classificado como mau ou duvidoso, ou efetivamente anulado. O incumprimento do empréstimo pode ser definido como a incapacidade de um mutuário para cumprir a sua obrigação de empréstimo no momento do vencimento (Balogun e Alimi, 2015).

Causas do incumprimento de empréstimos

Ahmad (2017) mencionou alguns factores importantes que causam o incumprimento dos empréstimos, que incluem: falta de vontade de pagar os empréstimos associada ao desvio de fundos por parte dos mutuários, negligência intencional e avaliação inadequada por parte dos responsáveis pelos empréstimos. O incumprimento dos empréstimos às empresas aumenta à medida que o produto interno bruto real diminui e que a depreciação da taxa de câmbio afecta diretamente a capacidade de reembolso dos mutuários. Balogun e Alimi (2015) também identificaram as principais causas do incumprimento dos empréstimos como a escassez de empréstimos, o atraso na entrega dos empréstimos, a dimensão reduzida das explorações agrícolas, a taxa de juro elevada, a idade dos agricultores, a supervisão deficiente, a ausência de fins lucrativos das empresas agrícolas e a intervenção indevida do governo nas operações dos programas de crédito patrocinados pelo governo. Além disso, Akinwumi e Ajayi (2015) descobriram que a dimensão da exploração agrícola, a dimensão da família, a escala de operação, as despesas de subsistência da família e a exposição a técnicas de gestão sólidas eram alguns dos factores que podem influenciar a capacidade de reembolso dos agricultores. De acordo com Olomola (2016), o atraso no desembolso do empréstimo e a taxa de juro elevada podem aumentar significativamente o custo de transação do empréstimo e podem também afetar negativamente o desempenho do reembolso. Berger e DeYoung, (2015) indicaram que um dos principais problemas que os bancos na Índia enfrentam é o problema da recuperação e do atraso dos empréstimos. As razões subjacentes a esta situação podem variar consoante as instituições financeiras, uma vez que dependem da natureza dos empréstimos. Neste caso, tenta-se descobrir algumas das causas do incumprimento dos empréstimos, devido às quais as instituições financeiras se confrontam com problemas de incumprimento dos empréstimos. Os responsáveis pela cobrança de créditos de diferentes bancos são entrevistados para apurar as causas do incumprimento. Estas razões podem ser úteis aos bancos para uma melhor recuperação dos empréstimos no futuro. Após a realização de inquéritos junto de diferentes bancos, foram identificadas como principais causas de incumprimento dos empréstimos do sector industrial as seguintes: seleção inadequada do cliente do empréstimo, fraca viabilidade do projeto, inadequação da garantia colateral/hipoteca adequada contra empréstimos, condições e calendário de reembolso irrealistas, falta de medidas de acompanhamento e incumprimento devido a calamidades naturais. Muitos factores foram identificados como principais determinantes do incumprimento dos empréstimos.

Okorie (2019) demonstrou que a natureza, o momento do desembolso, a supervisão e a rendibilidade das empresas que beneficiaram do regime de empréstimos a pequenos produtores contribuíram para a capacidade de reembolso e, consequentemente, para as elevadas taxas de incumprimento. Outros factores críticos associados ao incumprimento dos empréstimos são: o tipo de empréstimo; o prazo do empréstimo; a taxa de juro do empréstimo; o historial de crédito deficiente; o rendimento dos mutuários e o custo de transação dos empréstimos. Além disso, num estudo recente sobre o incumprimento de empréstimos hipotecários, as causas mais frequentemente citadas para o incumprimento foram a redução do rendimento (36%), o excesso de obrigações (19%), o desemprego (8%), a doença do credor principal ou de um membro da família (6%) e as dificuldades conjugais (3%) (Merritt, 2009). Okpugie (2009) também indicou que os juros elevados cobrados pelos bancos de microfinanças são a razão por detrás do alarmante incumprimento. Um empréstimo microfinanceiro é uma facilidade concedida por um banco microfinanceiro a um indivíduo ou a um grupo de mutuários, cuja principal fonte de rendimento provém de actividades comerciais que envolvem a produção ou a venda de bens e serviços. Este facto foi igualmente confirmado por Vandel (2000), que também constatou que as elevadas taxas de juro cobradas pelos bancos tendem a facilitar o incumprimento por parte dos mutuários.

De acordo com Gorter e Bloem (2012), os empréstimos de cobrança duvidosa são principalmente causados por um número inevitável de decisões económicas erradas por parte dos indivíduos e por simples azar (intempéries, alterações inesperadas dos preços de certos produtos, etc.). Nestas circunstâncias, os detentores de empréstimos podem fazer uma provisão para uma parte normal do incumprimento, sob a forma de provisões para crédito malparado, ou podem repartir o risco através da subscrição de um seguro. O problema do crédito malparado é generalizado. Nishimura, Kazuhito e Yukiko (2015) afirmam que uma das causas subjacentes à estagnação económica prolongada do Japão é o problema do crédito malparado. Explicam que alguns dos empréstimos concedidos a empresas e indústrias por instituições financeiras durante a era da bolha se tornaram incobráveis quando a bolha rebentou. Este facto atrasou as reformas estruturais e impediu o bom funcionamento do sistema de intermediação financeira. A maior parte dos incumprimentos deveu-se a procedimentos de gestão deficientes, ao desvio de empréstimos e à falta de vontade de os reembolsar. Kohansal e Mansoori (2019). De acordo com eles, vários factores podem causar incumprimentos de empréstimos, alguns dos quais são;

- Limites máximos das taxas de juro geralmente impostos pelo governo
- O poder de monopólio nos mercados de crédito é frequentemente exercido por credores informais
- Elevados custos de transação incorridos pelos mutuários ao solicitarem empréstimos
- Problemas de risco moral

Formas de reduzir o incumprimento dos empréstimos

De acordo com Kohansal e Mansoori (2019), os mutuantes criam vários mecanismos institucionais destinados a reduzir o risco de incumprimento dos empréstimos (ou seja, penhora de garantias, garantia de empréstimos de terceiros, utilização de agências de notação de crédito e de cobrança, etc.). Aballey (2013) afirma que o crédito malparado pode ser restringido se se garantir que os empréstimos são concedidos apenas a mutuários que provavelmente serão capazes de os reembolsar e que dificilmente se tornarão insolventes. Deve ser efectuada uma análise de crédito dos potenciais mutuários, a fim de avaliar o risco do empréstimo com o mutuário e chegar a uma decisão de empréstimo.

Taxas de juro

A taxa de juro é o preço que os mutuários pagam para consumir recursos no presente e não no futuro (Incoom, 2012). É conveniente analisar o custo e o rendimento dos empréstimos. O teórico clássico centra-se na oferta e na procura de fundos emprestáveis para determinar a taxa de juro. O monetarista centra-se na teoria da preferência pela liquidez; a oferta e a procura de dinheiro para determinar as taxas de juro. Nos últimos tempos, a Nigéria tem assistido a novos desenvolvimentos na determinação das taxas de juro. Após anos de taxas de juro controladas, que culminaram num regime de regressão financeira, as taxas de juro estão agora desregulamentadas e é permitido que sejam influenciadas pelas forças de mercado reconhecidas (Sowa, 2016). Os bancos pagam juros sobre os fundos dos depositantes utilizados para conceder empréstimos às unidades deficitárias e, como tal, é necessário cobrar um montante apreciável de taxas para cobrir o passivo dos depósitos (custo dos juros), bem como os custos operacionais para que o banco se mantenha em atividade. As taxas de juro são também determinadas pelos factores de risco associados ao empréstimo, tais como o incumprimento, o custo da duração dos fundos, outros custos operacionais, o padrão de maturidade dos depósitos e a probabilidade de incumprimento ao longo do tempo. Essencialmente, qualquer instituição financeira com fins lucrativos tentará, na maior parte das vezes, alargar o fosso entre as taxas de juro dos empréstimos e dos depósitos para obter uma margem ou para atingir o ponto de equilíbrio. Normalmente, os juros cobrados numa área de alto risco podem ser mais elevados devido ao risco de não pagamento do capital e dos juros. Bruck (2014) afirma que, para poderem cobrir os custos de mobilização de fundos e pagar os seus custos de funcionamento, as instituições financeiras têm de cobrar uma taxa mais elevada sobre os seus empréstimos do que a que pagam sobre os fundos emprestados. Teoricamente, o incumprimento dos empréstimos ocorre quando os mutuários não estão dispostos e/ou não são capazes de reembolsar os empréstimos (Hoque 2014). Este documento centra-se na capacidade dos mutuários para reembolsar os empréstimos. Entre os muitos factores, as taxas de juro elevadas são o mais importante que influencia a capacidade de reembolso dos empréstimos por parte dos mutuários. É amplamente divulgado que as taxas de juro elevadas têm um efeito devastador no investimento e no crescimento de uma economia.

McKinnon (2013) e Shaw (2013) sublinharam a importância de taxas de juro reais mais elevadas durante a pressão inflacionista para promover a poupança e o investimento em economias financeiramente reprimidas. Os economistas keynesianos recomendavam que as taxas de juro fossem mantidas baixas para acelerar o crescimento do investimento e da economia em geral (Roe 2012). As virtudes das taxas de juro baixas são: aumentar o crédito, reduzir a inflação, aumentar as oportunidades de emprego e estimular a economia nacional. O contrário acontece com a política de taxas de juro elevadas, embora Roe (2012) tenha constatado que a Coreia do Sul e Taiwan beneficiaram imenso da política de taxas de juro elevadas (que chegaram a atingir 20% sobre os depósitos) durante as décadas de 1950 e 1960. De um modo geral, os bancos cobram taxas de juro elevadas nos países em desenvolvimento onde o mercado financeiro é imperfeito, uma vez que prevalece a assimetria de informação entre o mutuário e o mutuante, a capacidade de empréstimo dos mutuários é duvidosa, o valor das garantias é sobrestimado e a ineficiência é a caraterística comum a nível institucional. Ninguém sabe exatamente o grau de imperfeição, mas todos os bancos são viciados na política de taxas de juro elevadas. Este facto é contraproducente, uma vez que as taxas de juro elevadas podem contribuir para o incumprimento dos empréstimos. Isto indica que os bancos devem determinar as taxas de empréstimo adequadas com base no grau comprovado, e não hipotético, de imperfeição do mercado. Mais uma vez, as taxas de empréstimo devem ser reduzidas ou ajustadas com muita frequência em função do nível de imperfeição do mundo real, que diminui com o ritmo de desenvolvimento económico e de crescimento de uma economia. Isto significa que, à medida que o mercado financeiro se torna cada vez mais eficiente com o processo de desenvolvimento, as taxas de empréstimo devem ser mais baixas do que antes, o que pode contribuir para reduzir o nível de incumprimento dos empréstimos. Caso contrário, os países em desenvolvimento podem continuar a registar incumprimentos de empréstimos.

Garantia de empréstimo

A garantia, que é outro pré-requisito para a concessão de empréstimos, serve de proteção para a instituição financeira em caso de não pagamento do empréstimo. Os bancos insistem na garantia devido ao carácter irrealista de algumas demonstrações financeiras apresentadas para o empréstimo. Tal deve-se ao facto de os mutuários elaborarem diferentes demonstrações financeiras em função do objetivo a atingir. Este facto torna as declarações pouco fiáveis para os gestores durante a avaliação do empréstimo e dificulta a tomada de decisões por parte dos gestores, pelo que exigem garantias. Também é necessário ter cuidado ao aceitar garantias para o empréstimo, especialmente no que diz respeito aos aspectos jurídicos que o regem, a fim de aperfeiçoar com exatidão a garantia. A exigência de garantias tem tendência para desencorajar os mutuários que não dispõem de garantias para apoiar a sua procura e também para minimizar a taxa de incumprimento. Agyemang (2015) é da opinião de que a proeminência da garantia como ingrediente para os empréstimos bancários enfatiza a circunspeção com que os bancos tratam as questões de segurança, sabendo que a garantia para qualquer empréstimo em particular não só deve ser segura, como também deve, aquando da sua realização, gerar receitas para liquidar totalmente as dívidas pendentes. Para além de a garantia ser juridicamente perfeita, é necessário ter em conta outros factores como a acessibilidade, a avaliação, a realização em caso de incumprimento, o título de propriedade e os controlos. Os bancos concedem empréstimos contra garantias não só por razões comerciais, mas também em conformidade com os requisitos regulamentares.

Análise de empréstimos agrícolas

A análise de empréstimos é o processo de avaliação do pedido de empréstimo de um candidato ou da emissão de dívida de uma empresa, a fim de determinar a probabilidade de o mutuário cumprir as suas obrigações. Esta fase inclui uma revisão dos planos e especificações preliminares, a repartição dos custos do projeto, estudos de viabilidade, projecções financeiras para o projeto concluído e uma análise dos orçamentos mais recentes do mutuário, das demonstrações financeiras, das portarias/resoluções relativas às obrigações e da estrutura de taxas. São considerados vários factores durante a análise preliminar do crédito. Estes factores incluem a viabilidade do projeto, a situação financeira do mutuário, a sua capacidade para cobrir os pagamentos de dívidas existentes e potenciais, as taxas de utilização actuais e previstas e outras fontes de receitas, bem como a estabilidade económica do mutuário. Embora o banco tenha a responsabilidade final de determinar se o historial de crédito e a segurança do requerente do empréstimo são suficientes para poder aprovar o empréstimo, trabalha em estreita colaboração com as partes interessadas nas estimativas de custos do projeto e na proposta económica do projeto proposto. Nalgumas situações, os projectos são modificados para que o requerente do empréstimo possa realizar o projeto e ainda cumprir os requisitos mínimos de crédito. Os pedidos que passam na análise preliminar de crédito passam para a segunda fase do processo de aprovação de crédito. Os requerentes em situação limite são informados da sua situação e podem continuar no processo se assim o desejarem, com o entendimento de que o banco tem preocupações que precisam de ser resolvidas. Nesta fase, não há garantias de que qualquer dos projectos receba um empréstimo. Essa decisão só será tomada após a conclusão de uma avaliação de crédito final mais pormenorizada.

A segunda fase da avaliação do empréstimo examina mais de perto o projeto e o mutuário. Os bancos também efectuam uma análise mais exaustiva da situação financeira do candidato. Isto inclui informações financeiras adicionais, tais como as demonstrações financeiras dos últimos quatro anos (auditadas, se disponíveis), informações detalhadas sobre a dívida, orçamentos, dados do sistema, características económicas locais e outras informações consideradas necessárias. O pessoal preparará análises de rácios e de tendências, projecções, estruturas de taxas e informações sobre a indústria local para determinar a capacidade do mutuário para reembolsar o empréstimo. Embora todos os candidatos sejam sujeitos à análise de crédito preliminar, as comunidades com empréstimos existentes que estão a ser reembolsados de acordo com os termos do empréstimo podem passar rapidamente pelo processo de análise. Para essas comunidades, as análises dos empréstimos serão simplesmente actualizadas para garantir que a comunidade pode pagar o aumento do serviço da dívida.

Classificação dos empréstimos

A classificação dos empréstimos refere-se ao processo que os bancos utilizam para rever as suas carteiras de empréstimos e atribuir-lhes categorias ou graus com base no risco percepcionado e noutras características relevantes dos empréstimos. O processo de revisão e classificação contínua dos empréstimos permite aos bancos monitorizar a qualidade das suas carteiras de empréstimos e, quando necessário, tomar medidas correctivas para contrariar a deterioração da qualidade de crédito das suas carteiras. Muitas vezes, é necessário que os bancos utilizem sistemas de classificação internos mais complexos do que os sistemas mais normalizados que os reguladores bancários exigem para efeitos de reporte e que se destinam a facilitar a monitorização. (Laurin et al, 2021) classificou as carteiras de empréstimos do Banco da Agricultura em vários grupos que determinam o nível de provisões a efetuar em conformidade com os regulamentos bancários. Os empréstimos são classificados em cinco categorias, incluindo as classificações de empréstimos correntes, outros empréstimos especialmente mencionados (OLEM), de risco, duvidosos e de perdas (Kone, 2021):

•**Correntes**: Os adiantamentos nesta categoria são aqueles para os quais o mutuário está em dia (ou seja, atual) com os reembolsos de capital e juros. As indicações de que um descoberto ainda está em dia incluem atividade regular na conta, sem sinais de acumulação de uma dívida pesada.

•**Outros Empréstimos Especialmente Mencionados (OLEM)**: Os adiantamentos nesta categoria estão atualmente protegidos por garantias adequadas, tanto no que se refere ao capital como aos juros, mas são potencialmente fracos e constituem um risco de crédito indevido, embora não ao ponto de justificar a classificação de "substandard". Esta categoria incluiria os adiantamentos não habituais devido à natureza do adiantamento, dos clientes ou do projeto, os adiantamentos em que existe uma falta de informação financeira ou qualquer outro adiantamento em que existe um grau de risco superior ao normal. De qualidade inferior: os adiantamentos apresentam deficiências de crédito bem definidas que põem em risco a liquidação da dívida, incluindo empréstimos a mutuários cujo fluxo de tesouraria não é suficiente para fazer face à dívida que está a vencer, empréstimos a mutuários que estão significativamente subcapitalizados e empréstimos a mutuários que não dispõem de capital de exploração suficiente para satisfazer as suas necessidades operacionais. Os adiantamentos de má qualidade não estão protegidos pela solidez e capacidade de pagamento actuais do cliente. Os créditos não produtivos e os créditos vencidos há pelo menos 90 dias, mas há menos de 180 dias, são igualmente classificados como de mau nível. Neste contexto, os adiantamentos tornam-se vencidos quando o capital ou os juros são devidos e não pagos há trinta dias ou mais.

•**Duvidosos:** Os adiantamentos de cobrança duvidosa apresentam todas as insuficiências inerentes aos adiantamentos classificados como de má qualidade, com as características adicionais de que os adiantamentos não estão bem garantidos e de que as insuficiências tornam a cobrança ou a liquidação integral, com base nos factos, condições e valores atualmente existentes, altamente questionável e improvável. A possibilidade de perda é extremamente elevada, mas devido a certos factores pendentes importantes e razoavelmente específicos, que podem ser vantajosos e reforçar o adiantamento, a sua classificação como perda estimada é diferida até que possa ser determinado o seu estado mais exato. Os créditos não produtivos e os créditos vencidos há pelo menos 180 dias, mas há menos de 365 dias, são igualmente classificados como de cobrança duvidosa

• **Perda:** Os adiantamentos classificados como perda são considerados incobráveis e de valor tão reduzido que não se justifica a sua manutenção como adiantamentos recuperáveis. Esta classificação não significa que o adiantamento não tenha absolutamente nenhum valor de recuperação, mas sim que não é prático ou desejável adiar a anulação deste adiantamento basicamente sem valor, mesmo que uma recuperação parcial possa ser afetada no futuro. Os adiantamentos classificados como perda incluem empresas falidas e empréstimos a empresas insolventes com fundo de maneio e cash flow negativos. Os bancos não devem manter os adiantamentos nos registos contabilísticos enquanto tentam recuperações a longo prazo

Revisão empírica

Akerele e Ayodele, (2018) analisaram o reembolso de empréstimos e os incumprimentos entre os beneficiários do regime de empréstimos do Banco da Agricultura (BOA) no Estado de Ogun. Para o estudo, foram utilizados dados primários e secundários, obtidos através de um questionário bem estruturado a 109 inquiridos da amostra. Foram utilizadas estatísticas descritivas e inferenciais para analisar os dados recolhidos, em conformidade com os objectivos do estudo. Os resultados mostraram que as razões para o incumprimento do empréstimo e a taxa de incumprimento entre os beneficiários do empréstimo BOA são as más condições climatéricas (96,3%), o atraso no desembolso do empréstimo (93,6%), os problemas de comercialização (92,7%), o atraso na aprovação do empréstimo (86,2%), o curto período de reembolso (71,6%), a falta de serviços de consultoria empresarial (63,3%) e as elevadas taxas de juro (57,8%). Consequentemente, se todos estes factores forem resolvidos, o processo de aprovação, como o atraso na aprovação dos empréstimos e o desembolso tardio do empréstimo, será melhorado, o que, por sua vez, reduzirá a taxa de incumprimento do Banco. Em termos de constrangimentos à aquisição de empréstimos pelo BOA, a taxa de juro elevada, a burocracia e a incapacidade de apresentar um fiador foram considerados os principais constrangimentos à aquisição de empréstimos no Banco da Agricultura no Estado de Ogun Asom e Ushahemba (2017) avaliaram a acessibilidade ao crédito dos agricultores rurais no Estado de Benue, utilizando o Banco da Agricultura (BOA) como estudo de caso. Foi selecionada uma amostra de 724 inquiridos através de uma técnica de amostragem aleatória proporcional. A amostra é constituída por 362 beneficiários e não beneficiários. O estudo recorreu à regressão descritiva e à regressão legítima. As conclusões do estudo mostraram que os agricultores rurais (ou seja, mesmo os beneficiários) têm um nível moderado de acessibilidade ao empréstimo do BOA, com um elevado nível de inadequação em termos do volume do empréstimo concedido aos agricultores, enquanto a maioria dos não beneficiários tem como principal fonte de rendimento as instituições financeiras informais. O estudo mostrou também que o sexo, a idade, o estado civil, a dimensão do agregado familiar, a ocupação principal dos inquiridos, a situação da atividade extra-agrícola, a pertença a um grupo de agricultores, os anos de experiência agrícola, o rendimento das colheitas dos agricultores, a superfície cultivada, os anos de escolaridade e a taxa de juro dos empréstimos são os factores socioeconómicos que têm uma influência significativa no acesso dos agricultores ao empréstimo do BdA na área de estudo. Por conseguinte, o estudo recomendou que o governo criasse mais instituições de crédito formais nas zonas rurais, em geral; e reanimasse as sucursais moribundas do BOA no Estado, sensibilizasse mais os agricultores para a existência de créditos agrícolas formais para a produção agrícola, e fizesse uma campanha de esclarecimento sobre a forma de aceder a estas facilidades de crédito, especialmente nas zonas rurais, e assegurasse um desembolso suficiente de fundos através do BOA para melhorar o nível das facilidades de crédito.

A teoria da cooperação

A cooperação tem sido descrita por uma variedade de teóricos. Segundo Glaser-Segura e Anghel (2022), ela representa a união de duas ou mais entidades, levando a uma combinação mais complexa, que tem maior possibilidade de servir às forças ambientais como entidades separadas. Esta pesquisa foi ancorada com base na teoria da Cooperação Coletiva. Kropotkin (1902) alargou a teoria da seleção natural de Darwin para incluir a cooperação entre sistemas vivos e sociais. A explicação de Darwin de como a sobrevivência preferencial dos menores benefícios pode levar a formas avançadas é o princípio explicativo mais importante da biologia e extremamente poderoso em muitos outros domínios. Tal sucesso reforçou a noção de que a vida é, em todos os aspectos, uma guerra de cada um contra todos, em que cada indivíduo tem de olhar por si próprio, que o seu ganho é a minha perda, mas Kropotkin observou que as espécies que sobreviveram onde os indivíduos cooperaram, que a "ajuda mútua" (Cooperação) foi encontrada em todos os níveis de existência Mead (2015), nos seus estudos sobre sociedades primitivas vivas, descobriu igualmente que a organização social cooperativa conduz a uma maior afluência não encontrada numa organização social exclusivamente cooperativa. Numa análise político-histórica das civilizações, Eisler (2015) encontrou variações entre o modelo de dominadores sociais, em que as trocas sociais são realizadas em relações hierárquicas e competitivas, e o modelo de participação social, em que as trocas são feitas através de relações de cooperação. O quadro de Eisler está incluído na coleção de estudos sobre as mulheres e fornece uma explicação das sociedades de poder dominadas por homens e partilhadas por homens e mulheres ao longo da história. Os defensores da sócio-biologia, numa abordagem diferente, vêem a cooperação como uma caraterística genética de sobrevivência. No paradigma sócio-biológico, a cooperação é encontrada entre parentes porque os grupos familiares alargados sobreviveram mais do que os indivíduos que não cooperaram com os membros da família e da tribo. Na sociobiologia, a cooperação também é considerada uma caraterística evoluída entre os seres humanos e outras formas de vida (Nowak, May e Sigmund 2015).

Estas abordagens à cooperação são variadas; colocam a cooperação em contextos históricos e históricos, em contextos macro e micro sociais, e como comportamentos genéticos e aprendidos. Esta abordagem de investigação baseia-se especificamente no que Campbell (2016) designou como uma explicação sociocultural da cooperação. O seu enquadramento assenta na variação, seleção e retenção de comportamentos ao longo do tempo. Em essência, a variação fornece as mutações ou traços de comportamento que permitem a adaptação dos grupos a novas situações. A seleção envolve o processo de avaliação de uma variação em relação a outra e a seleção da melhor versão. A retenção envolve o processo de acumulação de comportamentos e valores num sistema social. A teoria de Campbell funciona ao nível do sistema social porque os indivíduos acabam por morrer, mas as instituições e as condutas mantêm-se nos sistemas sociais. Campbell argumentou ainda que a complexidade social urbana surgiu através da evolução social e não da evolução sócio-biológica.

A cooperação é também descrita pela Wikipédia (nd) como o processo pelo qual os componentes de um sistema trabalham em conjunto para alcançar as propriedades globais. Por outras palavras, componentes individuais que parecem ser "egoístas" e independentes trabalham em conjunto para criar um sistema altamente complexo, maior do que a soma das suas partes. Os exemplos podem ser encontrados à nossa volta: os componentes de uma célula trabalham em conjunto para a manter viva. As células trabalham em conjunto e comunicam entre si para produzir organismos multicelulares. Os organismos formam cadeias alimentares e ecossistemas, pessoas de famílias, tribos, etnias e nações. Os neurónios criam o pensamento e a consciência. Os átomos cooperam de uma forma simples, combinando-se para formar moléculas. Compreender os mecanismos que criam agentes cooperantes num sistema é um dos fenómenos mais importantes e menos bem compreendidos da natureza, embora não tenha havido falta de esforços. A ação individual em prol de um sistema mais vasto pode ser coagida (forçada), voluntária (livremente escolhida) ou mesmo não intencional e, consequentemente, os indivíduos e os grupos podem agir em conjunto, apesar de não terem quase nada em comum em termos de interesses ou objectivos. Exemplos disso podem ser encontrados no comércio de mercado, nas guerras militares, nas famílias, nos locais de trabalho, nas escolas e nas prisões e, de um modo mais geral, em qualquer instituição ou organização de que os indivíduos façam parte (por escolha própria, por lei ou forçados).

Relevância da teoria para o estudo

Este estudo centra-se no desenvolvimento sustentável das cooperativas agrícolas beneficiárias do regime de empréstimos do BOA no sudoeste da Nigéria. É dentro destas premissas que se espera que as cooperativas de agricultores ofereçam a melhor abordagem para os agricultores rurais, pequenos agricultores, acederem a empréstimos para a sustentabilidade da produção alimentar. A teoria da cooperação oferece disposições suficientes para explicar as razões pelas quais as pessoas se juntam para enfrentar tarefas socioeconómicas que pareceriam insuperáveis, se não impossíveis, para um indivíduo. Assim, podemos deduzir da teoria que as instituições cooperativas não são meros arranjos ad hoc que acabam quando as tarefas são cumpridas. De facto, os antecedentes das sociedades cooperativas, desde o início do movimento cooperativo moderno, passando pela sociedade equitativa dos Pioneiros de Rochdale, até à fundação da Aliança Cooperativa Internacional (ACI), mostraram que a cooperativa é uma verdadeira instituição de mudança e desenvolvimento. A implicação do que precede é que se espera que as cooperativas se esforcem sempre por provocar a mudança socioeconómica para a qual foram criadas e que se espera que maximizem a vantagem cooperativa para o desenvolvimento da produção agrícola na área de estudo.

A Teoria do Comportamento Coletivo: As teorias foram desenvolvidas por Ralph H. Turner e Lewis M. Killian em 1987, Coletivo no comportamento de um grupo ou multidão de pessoas que tomam medidas em conjunto para um objetivo comum. Existem três formas principais de comportamento coletivo: a multidão, a massa e o público. A teoria da ação colectiva foi publicada pela primeira vez por MancurOlison em 1965. Este argumenta que qualquer grupo de indivíduos que tente fornecer um bem público tem dificuldade em fazê-lo de forma eficiente. Dado que grande parte do comportamento coletivo é dramático, imprevisível e assustador, as primeiras teorias e muitas das opiniões populares contemporâneas são mais avaliativas do que analíticas.

CAPÍTULO TRÊS
METODOLOGIA DE INVESTIGAÇÃO

Desenho do estudo: Este estudo é um inquérito descritivo que teve como objeto o desenvolvimento da sustentabilidade da cooperativa agrícola entre os beneficiários do Banco da Agricultura (BOA) no estado de Ogun, Nigéria
Área de estudo: O estudo foi efectuado no Estado de Ogun, na Nigéria. O Estado tem uma superfície terrestre de cerca de 1,7 milhões de hectares. Atualmente, é composto por 20 Áreas de Governo Local (LGAs) distribuídas por quatro divisões principais - Egba, Ijebu, Remo e Yewa/Awori (NPC, 2006).
Fontes de dados: Os dados primários foram utilizados principalmente para este estudo. Foram obtidos através de um questionário bem estruturado que foi administrado por enumeradores formados e pelo investigador.

População e amostra do estudo: A população do estudo era constituída por todos os clientes do Banco da Agricultura no Estado de Ogun. No entanto, devido à indisponibilidade de um registo fiável de agricultores na LGA, a população do estudo foi definida como infinita.

Dimensão da amostra e processo de amostragem: Foi utilizada uma técnica de amostragem em várias fases para selecionar os beneficiários. A primeira fase foi uma seleção intencional que indicava as três zonas. Isto garante que todas as bases operacionais do Banco foram abrangidas. A segunda fase consistiu numa seleção aleatória de quatro áreas governamentais locais de cada uma das três zonas onde estão localizadas as agências do BOA. A última fase consistiu na seleção aleatória de 12 beneficiários de cada uma das 12 Áreas Governamentais Locais (LGAs), quarenta agricultores de cada zona, nomeadamente a zona de Abeokuta, a zona de Ijebu e a zona de Imeko Afon, a partir da lista de agricultores disponibilizada. No total, foram seleccionados aleatoriamente cento e quarenta e quatro (144) inquiridos. No entanto, após uma análise exaustiva no terreno, apenas cento e nove (109) foram considerados úteis para o estudo.

Métodos de análise de dados: Foram utilizadas estatísticas descritivas, tais como tabelas de distribuição de frequências, percentagens e medidas de tendência central, para descrever as características socioeconómicas dos inquiridos e identificar as razões para o incumprimento dos empréstimos. Por outro lado, a regressão múltipla foi utilizada para examinar os factores que determinam o montante do empréstimo obtido pelos agricultores; e a estatística t de Student foi utilizada para examinar a semelhança de pontos de vista sobre os constrangimentos ao acesso a pedidos de empréstimos agrícolas.

Modelo de regressão

O modelo é explicitamente especificado da seguinte forma:

Q = bo +b1X1 + b2X2+ b3X3 +b4X4 +b5X5 +b6X6 + b7X7 +U(i)

Q= Montante relativo obtido (N)

X1 = Idade do mutuário (anos)

X2=Nível de escolaridade dos beneficiários do empréstimo (anos)

X3=Tamanho da exploração (hectares)

X4=Experiência de empréstimo (anos)

X5=Dimensão do agregado familiar (em número de pessoas)

X6= Montante reembolsado (N)

X7=Rendimento líquido anual (rendimento mensal x 12) (N)

bo é a constante b1 b2 b7 são os declives a estimar.

Quadro 1: Expectativa a priori das variáveis

Variable	**A priori expectation**
Relative amount obtained (₦)	Positive
Borrowers age (Years)	Positive
Loan beneficiaries' educational level (years)	Positive
Loan Experience (years)	Positive
Household size (in number of person)	Positive
Amount repaid (₦)	Positive
Annual Net income (₦)	Positive

CAPÍTULO QUATRO

APRESENTAÇÃO E ANÁLISE DE DADOS

Características socioeconómicas dos inquiridos

As características socioeconómicas dos inquiridos são apresentadas neste subtítulo. Uma avaliação das características socioeconómicas dos inquiridos torna-se importante devido à sua tendência para influenciar os seus comportamentos de empréstimo e de reembolso. Como se afirma abaixo, o sexo dos mutuários pode ter implicações no reembolso do empréstimo e, consequentemente, no incumprimento. É importante compreender como é que o sexo dos inquiridos pode influenciar o reembolso do empréstimo. Isto poderia facilitar uma administração credível dos empréstimos. Os resultados revelaram que a maioria (58,7%) dos inquiridos era do sexo masculino. É evidente que a maioria (75,2%) dos inquiridos tinha menos de 50 anos, com uma idade média e um desvio padrão de 42,51 e 11,03 anos, respetivamente. O resultado relativo ao estado civil revela que a maioria (75,2%) dos inquiridos era casada. Isto é uma indicação de que as pessoas casadas eram o regime de empréstimos predominante das cooperativas agrícolas da BOA. A tabela também revelou que a grande maioria (83,5%) dos inquiridos tinha no máximo 6 indivíduos nos seus agregados familiares, com uma média de 5 indivíduos por agregado familiar. Esta dimensão do agregado familiar é consideravelmente moderada e pode não ter um efeito substancial na utilização de fundos emprestados para despesas de consumo involuntárias do agregado familiar. Por outras palavras, o nível de dimensão do agregado familiar pode não ter um efeito significativo no reembolso. Os resultados sobre a educação dos inquiridos analisam que apenas uma minoria (1,8%) dos inquiridos não tinha qualquer forma de educação formal. Isto significa que a grande maioria (98,2%) tinha uma ou outra forma de educação formal. Além disso, um número substancial (39,4%) dos inquiridos possuía certificados HND/BSC. Os resultados obtidos revelaram que a grande maioria (71,6%) dos inquiridos eram agricultores. Com o elevado nível de educação dos beneficiários, existe a tendência para que, se investirem o empréstimo na agricultura, possam gerar lucros razoáveis que permitam o reembolso do empréstimo. Além disso, uma avaliação da experiência agrícola dos beneficiários revelou que a maioria tinha entre 1-5 anos de experiência, com uma média de 5 anos por beneficiário. Este nível de experiência é relativamente baixo e pode não ser alheio ao elevado nível de educação que pode ter sido responsável por anos substanciais no tempo de vida dos beneficiários. O quadro seguinte mostra que a maioria (66,0%) dos inquiridos ganhava, no máximo, N100 000 por mês. O rendimento agrícola médio e o desvio padrão revelaram um elevado nível de variação no rendimento dos cooperadores agrícolas. Os resultados sobre a religião revelaram que a maioria (64,2%) dos inquiridos era cristã. Não obstante, o número de beneficiários muçulmanos também foi substancial (35,8%).

Quadro 2: Distribuição das características socioeconómicas dos inquiridos

Características Sexo	Frequência	Percentagem	Frequência acumulada
Masculino	64	58.7	
Feminino	45	41.3	
Total Idade (anos) 20-29	109 9	100.0 8.3	 8.3
30-39	30	27.5	35.8
40-49	43	39.4	75.2
50-59	22	20.2	95.4
> 60	5	4.6	100.0
Total	109	100.0	
$\bar{x}$ = 42,31, SD = +11,03			
Estado civil Único11		10.1	
Casado82		75.2	
Divorciado4		3.7	
Viúva9		8.2	
Separado3		2.8	

Total109		100.0	
Dimensão do agregado familiar (pessoa) 1-337		33.9	33.9
4 - 654		49.6	83.5
7 - 914		12.8	96.3
>104		3.7	100.0
Total109		100.0	
Média ($\bar{x}$) = 4,5, Desvio Padrão (DP) = +2,49			
Educação Sem educação formal2		1.8	
Literacia de adultos5		4.6	
Ensino primário3		2.8	
Ensino secundário23		21.1	
OND/NCE33		31.3	
HND/BSC43		39.4	
Total109		100.0	
Ocupação Banca2		1.8	
Negócios1		0.9	
Função pública1		0.9	
Agricultura78		71.6	
Marinheiro2		1.8	
Alfaiataria1		0.9	
Ensino15		13.8	
Negociação9		8.3	
Total109 Experiência agrícola (ano) 1-582		100.0 75.2	75.2
6-1020		18.4	93.6
>107		6.4	100.0
Total109		100.0	
Média ($\bar{x}$) = 5, Desvio Padrão (DP) = 4,9			
Rendimento (N) <50, 00034		31.2	31.2
50,001-100, 00038		34.8	66.0
100,001-150, 00028		25.7	91.7
>200, 0009		8.3	100.0
Total109		100.0	
$\bar{x}$ = N147,404, SD = +N220,818			
Religião O cristianismo	70	64.2	
Islão	39	35.8	
Total	109	100.0	

Fonte: Inquérito de campo, 2022

Determinar os factores de sustentabilidade que influenciam o acesso dos inquiridos à **oferta de crédito agrícola do BOA** Foi utilizado um modelo de regressão múltipla para analisar os factores determinantes do acesso dos inquiridos ao crédito do BOA. A idade dos inquiridos (X1), o nível de escolaridade (X2), a dimensão da exploração agrícola (X3), a experiência de empréstimo (X4), a dimensão do agregado familiar (X5), o montante reembolsado (X6) e o rendimento líquido anual (X7) serviram de variáveis independentes. O R ajustado^2 de 0,682 indica que cerca de 68% da variação no empréstimo obtido é captada pelas variáveis incluídas no modelo. Os restantes 32% devem-se à variação não explicada do montante do empréstimo obtido pelos inquiridos. O valor F significativo (ao nível de 1%) também mostra que o modelo se ajusta bem aos dados.

Os dados da tabela revelaram que a idade ($_\beta$ = 13718,4, p $\leq$ 0,05), o nível de escolaridade ($_\beta$ = 39916,48, p $\leq$ 0,05), a dimensão da exploração ($_\beta$ = 107728,5, p $\leq$ 0,1) e o montante do empréstimo reembolsado ($_\beta$ = 0,737, p $\leq$ 0,1) influenciaram significativamente o montante do empréstimo obtido pelos inquiridos. A idade dos inquiridos influenciou negativamente o montante obtido, enquanto a dimensão da exploração e o montante reembolsado influenciaram positivamente o montante do empréstimo obtido. A implicação destas conclusões é que os jovens têm melhor acesso a um montante de empréstimo mais elevado do que os idosos e que aqueles que tiveram um melhor reembolso no passado receberão um montante de empréstimo relativamente mais elevado do que aqueles com um registo de reembolso relativamente menor. Além disso, quanto mais instruído for um aspirante a beneficiário, maior será a probabilidade de obter um empréstimo mais elevado.

Quadro 3: Análise de regressão múltipla dos factores determinantes do empréstimo obtido pelas cooperativas agrícolas

Código da variável	Nome das variáveis	Coeficiente de regressão	Erro padrão	valor t
β0	(Constante)	-410026	348672.3	-1.176
X1	Idade	-13718.4**	-0.136	-2.152
X2	Nível de educação	39916.48**	0.134	2.168
X3	Dimensão da exploração	107728.5***	0.328	4.700
X4	Experiência em empréstimos	-28102.5	-0.039	-0.660
X5	Dimensão do agregado familiar	21383.69	0.051	0.706
X6	Montante reembolsado	0.737***	0.097	7.587
X7	Resultado líquido	0.004	0.025	0.149
	Valor F	34.016***		
	R-quadrado	0.702		
	R-quadrado ajustado	0.682		

Fonte: Inquérito de campo, 2022, * significativo ao nível de 10%, **significativo ao nível de 5%, ***significativo ao nível de 1%

Constrangimentos à aquisição de empréstimos agrícolas através do BOA

As restrições referem-se ao problema enfrentado para atingir um determinado objetivo. Neste caso, o objetivo habitual dos beneficiários é ter acesso contínuo ao empréstimo BOA. O mesmo se aplica aos futuros beneficiários, que podem querer obter o empréstimo pela primeira vez. A compreensão dos constrangimentos enfrentados pelos actuais beneficiários permitirá que os potenciais beneficiários se preparem melhor. Este facto pode facilitar o processo de obtenção do empréstimo. Além disso, o BdA poderia também melhorar os seus processos de desembolso de empréstimos com o conhecimento dos constrangimentos enfrentados pelos actuais beneficiários. A análise dos constrangimentos enfrentados pelos actuais beneficiários do empréstimo do BdA

(Quadro 4) constitui uma tentativa de obter este conhecimento.

Quadro 4: Distribuição dos inquiridos por constrangimentos enfrentados pelos cooperadores agrícolas da BOA

Restrições à utilização de empréstimos Percentagem de frequência

Taxa de juro elevada	29	26.6
Dificuldades e protocolos para a obtenção de um empréstimo	17	15.6
O custo de obtenção de um empréstimo é demasiado elevado	3	2.8
Incapacidade de apresentar um fiador	12	11.0
O empréstimo é insuficiente	8	7.3
Desembolso intempestivo do empréstimo	6	5.5
Procedimento de recuperação de empréstimos muito duro	8	7.3
Sem resposta	26	23.9
Total	109	100.0

Inquérito de campo 2022

A tabela mostra que uma percentagem substancial (26,6%) dos inquiridos considerou a taxa de juro elevada como o constrangimento mais importante para a utilização do empréstimo do BOA, enquanto outros consideraram a burocracia, a incapacidade de fornecer o fiador exigido, os métodos de recuperação de empréstimos usados e o desembolso intempestivo do empréstimo como os constrangimentos mais importantes para a aquisição e/ou utilização do empréstimo do BOA.Uma entrevista de acompanhamento com a direção do BOA responsável pelo empréstimo revelou que a taxa de juro era relativamente mais baixa do que a obtida no sector financeiro tradicional, como os bancos comerciais e de microfinanças (entre 20-40%). De acordo com o funcionário do BOA, a taxa de juro para os pequenos agricultores e as PME beneficiárias de empréstimos para fins agrícolas é de 12% e 14%, respetivamente; para fins não agrícolas, a taxa de juro era de 18% para todos os empréstimos não agrícolas. Os beneficiários do Banco da Agricultura (BOA) são obrigados a ter 20% do montante do empréstimo pretendido como poupança antes de o solicitarem. Os pequenos agricultores não são obrigados a fornecer garantias. Por exemplo, um beneficiário que pretenda pedir um empréstimo de ₦100.000 deve ter pelo menos ₦20.000 de poupanças no banco. Esta não é uma condição necessária para as PME, que são obrigadas a fornecer garantias antes de obterem o empréstimo. As PME podem, no entanto, ter tanto poupanças como garantias.

Discussão dos resultados

A idade dos inquiridos influenciou negativamente o montante obtido, enquanto a dimensão da exploração e o montante reembolsado influenciaram positivamente o montante do empréstimo obtido. A dimensão do empréstimo concedido teve uma relação positiva com a taxa de reembolso. A taxa de juro elevada, a burocracia e a incapacidade de apresentar um fiador foram consideradas os principais obstáculos à obtenção de um empréstimo do BdA. A idade dos inquiridos influenciou negativamente o montante obtido, enquanto a dimensão da exploração e o montante reembolsado influenciaram positivamente o montante do empréstimo obtido. Verificou-se que a dimensão do agregado familiar, a educação e o montante do empréstimo têm uma relação significativa com a taxa de reembolso do empréstimo. Enquanto a dimensão do agregado familiar tem uma relação negativa com o reembolso do empréstimo, a educação e a dimensão do empréstimo têm uma relação positiva com o mesmo. Em termos de constrangimentos à aquisição do empréstimo BOA. A taxa de juro elevada, a burocracia e a incapacidade de apresentar um fiador foram consideradas os principais obstáculos à obtenção de empréstimos no Banco da Agricultura do Estado de Ogun.

CAPÍTULO CINCO
CONCLUSÃO E RECOMENDAÇÕES

O BOA (Bank of Agriculture) é uma instituição de financiamento do desenvolvimento que tem por objetivo conceder facilidades de crédito no sector agrícola. O Banco é detido a 100% pelo Governo Federal da Nigéria. O banco é obrigado a conceder crédito para apoiar todas as actividades da cadeia de valor agrícola na Nigéria. Os particulares podem aceder a facilidades de crédito até um máximo de N5 000 000, principalmente para projectos agrícolas. O objetivo deste estudo é avaliar os factores determinantes dos empréstimos agrícolas concedidos pelo BOA aos agricultores do Sudoeste da Nigéria. O estudo concluiu que a idade, o nível de instrução, a dimensão da exploração, a experiência de empréstimo, a dimensão do agregado familiar, o montante reembolsado e o rendimento líquido tinham, coletivamente, uma influência significativa no acesso ao empréstimo BOA. Além disso, os agricultores indicaram que a taxa de juro elevada, as dificuldades e os protocolos envolvidos na obtenção do empréstimo, o custo da obtenção do empréstimo é demasiado elevado, a incapacidade de fornecer um fiador, o empréstimo é inadequado, o desembolso intempestivo do empréstimo, o procedimento de recuperação do empréstimo é duro, o que, de uma forma ou de outra, impediu o acesso sem problemas aos empréstimos da BOA.O montante do empréstimo concedido pelo BdA teve uma relação positiva com a capacidade de reembolso dos beneficiários, dada a taxa de reembolso muito elevada, mantendo outras variáveis constantes e o montante do empréstimo concedido poderia ser considerado adequado, mas o aumento do montante do empréstimo não parece implicar o risco de redução da capacidade de reembolso. No entanto, a dimensão do agregado familiar, a educação e o montante do empréstimo influenciam significativamente a capacidade de reembolso dos beneficiários. A taxa de juro elevada, a burocracia e a incapacidade de apresentar um fiador foram consideradas os principais obstáculos à obtenção de um empréstimo do BdA. A gestão bem sucedida do programa de empréstimos agrícolas aos agricultores depende, em grande medida, de um bom conhecimento das características socioeconómicas dos agricultores e da situação ou contexto da produção. O BdA deve, por conseguinte, adotar medidas práticas para atenuar o risco no regime de empréstimos do BdA, de modo a melhorar a qualidade da carteira global de empréstimos do banco. Estes factores colocam três tarefas principais ao administrador dos empréstimos, nomeadamente, assegurar o patrocínio contínuo dos agricultores, evitar a utilização abusiva dos empréstimos e assegurar o reembolso rápido e integral dos empréstimos. De acordo com os resultados, a capacidade de reembolso do empréstimo por parte do beneficiário pode ser melhorada através da educação dos beneficiários do empréstimo (talvez sobre as melhores formas de utilizar os fundos e de os orientar contra gastos imprudentes). Embora o montante do empréstimo não tenha ficado aquém das necessidades, o seu aumento não reduzirá muito provavelmente a capacidade de reembolso dos beneficiários. A formação incentivará uma maior capacidade de reembolso dos beneficiários e reduzirá os factores que os impedem de pagar os seus empréstimos. O aumento (se for dada a educação adequada), como as políticas destinadas a fornecer educação gratuita, seminários, formação em workshops, especialmente aos agricultores analfabetos, para lhes ensinar as formas e métodos possíveis de adquirir empréstimos, assegurar o reembolso dos empréstimos e evitar o incumprimento dos mesmos. Deste modo, os beneficiários poderão tirar partido das economias de escala que melhorarão as suas vidas e a sua capacidade de reembolso. Mais importante ainda, o BOA é a espinha dorsal dos beneficiários das cooperativas de agricultores e de outros pequenos agricultores, quando comparado com as fontes informais, devido à adequação dos empréstimos e à baixa taxa de juro. Além disso, o crédito é necessário para que os agricultores cooperativos e os pequenos agricultores consigam passar de uma orientação de subsistência para uma orientação de mercado.

Recomendações

Com base nos resultados do estudo, foram feitas as seguintes recomendações:

1. O BOA deveria considerar a criação de um comité para tratar das questões relacionadas com os constrangimentos identificados pelos cooperadores, especialmente a elevada taxa de juro, a exigência de um fiador e as dificuldades e protocolos envolvidos na obtenção de empréstimos. Quando isso for feito e as várias questões forem resolvidas, será mais fácil para os cooperadores terem acesso aos empréstimos do BOA.
2. O BOA deveria considerar a possibilidade de reduzir a taxa de juro para encorajar mais pessoas a aceder ao empréstimo e garantir um reembolso fácil. Isto permitiria que mais agricultores cooperativos e pequenos agricultores tirassem partido das economias de escala e da grande produção, o que melhoraria as suas vidas e a capacidade de reembolso dos seus beneficiários.
3. Os planos de reembolso do BOA devem ser revistos de modo a ter em conta o período de gestação das culturas e os períodos de venda, a fim de reduzir a elevada incidência de incumprimento dos empréstimos. Deste modo, evitar-se-á a utilização abusiva do empréstimo obtido, assegurar-se-á o patrocínio contínuo dos agricultores e garantir-se-á o reembolso rápido e integral do empréstimo.
4. Os administradores de empréstimos da BOA deveriam recorrer a empréstimos de grupo entre os agricultores, em vez de empréstimos individuais com fiador. Deste modo, os agricultores cooperativos poderiam reduzir o principal obstáculo à obtenção de empréstimos através da revisão da política de fiadores da BOA.
5. As agências governamentais competentes deveriam lançar uma campanha de consciencialização e sensibilização das cooperativas e o BOA deveria atrair

agricultores mais instruídos e agricultores com grandes explorações agrícolas. De facto, o estudo revelou que o administrador de empréstimos do BOA favorece estas categorias de agricultores no desembolso de empréstimos agrícolas.

6. Os rendimentos gerados pela cooperativa de agricultores beneficiários do BOA devem ser utilizados pelo banco agrícola para determinar o acesso ao crédito e o desempenho dos agricultores, tendo em vista a utilização adequada dos recursos para a concessão de mais crédito.

7. A burocracia deve ser combatida e os empréstimos devem ser pagos atempadamente aos beneficiários para evitar o problema do pagamento e utilização incorrectos dos empréstimos. Isto melhoraria a qualidade da carteira global de empréstimos do banco

REFERÊNCIAS

Adeniyi, A. (2017) O Banco da Agricultura da Nigéria: Uma Agenda para a Renovação Organizacional. Journal of Business Administration Research Vol. 10, No. 1; 2021 Publicado por Sciedu Press 41 ISSN 1927-9507 E-ISSN 1927-9515 www.tunjiadeniyi.io. Tel: 234-(0)-805-700-0700. Correio eletrónico: tunjiadeniyi@icloud.com

Adesina, (2012): Evolução da publicação do boletim informativo do Banco da Agricultura da Nigéria (BOA). Pp5

Adofu, I., Orebiyi, J. S., e Otitolaiye, J. O. (2012). Desempenho de reembolso e determinantes dos beneficiários de empréstimos de agricultores de culturas alimentares da Cooperativa Agrícola da Nigéria e do Banco de Desenvolvimento Rural (NACRDB) no Estado de Kogi, Nigéria (2008-2010). Jornal de Desenvolvimento e Economia Agrícola, 4(5), 20-40.

Afolabi J.A (2010) Analysis of loan repayment among small scale farmers in Oyo State, Nigeria (Análise do reembolso de empréstimos entre pequenos agricultores no Estado de Oyo, Nigéria).
Revista de Ciências Sociais, 22(2): 115-119.

Akerele, E., Ayodele, J. (2018). Reembolso de empréstimos e inadimplência entre os beneficiários do esquema de empréstimos do Banco da Agricultura (BOA) no estado de Ogun, Nigéria. KIU Journal of Social SciencesVol 4 No 2 (2018): Vol. 4 No. 2, junho de 2018

Angame e Waari (2014) Factores que influenciam o reembolso de empréstimos em instituições de microfinanças no Quénia, pp. 20-25

Asom, S. e Ushahemba, V. (2017). Uma Avaliação da Acessibilidade ao Crédito dos Agricultores Rurais no Estado de Benue: Um estudo de caso do Banco da Agricultura (BOA) Ijirshar CARD International Journal of Management Studies, Business & Entrepreneurship Research ISSN: (Print): 2545 (Print): 2545

(Impressão): 2545-5907 (Online): 2545 5907 (Online): 2545 5907 (Online): 2545 5907 (Online):
2545-5885 Volume 2, Número 3, setembro Volume 2, Número 3, Setembro2017
Awoke, (2004): Factores que afectam a aquisição de empréstimos e os padrões de reembolso dos pequenos agricultores
em Ika North West do Estado do Delta, Nigéria.Journal of Sustain. Trop. Agric. Res., 9:61-64. Balogun, E.D. e Alimi, A. (2012). Delinquência de empréstimos entre pequenos agricultores em desenvolvimento
Países: A Case Study of the Small-Farmer Credit Programme in Lagos State of Nigeria (Um Estudo de Caso do Programa de Crédito aos Pequenos Agricultores no Estado de Lagos da Nigéria),
CBN Economic and Financial Review, 26(3).
CBN (2014): Banco Central da Nigéria. Publicação sobre o artigo do Banco da Agricultura (BOA). 77 Edache O (2016). Apresentação na Quinta Apresentação Económica Nigeriana, Abuja. The Punch, 7
(19973):

Epetimehin, F. M. (2016). Understanding the Dynamics of Cooperatives (Compreender a dinâmica das cooperativas), Tadon Publishers, Ibadan.

Ewuola, S.O et al (2010) Farm Credit as a Lever to Rural Development in Sustainable Development in Rural Nigeria.

Governo Federal da Nigéria (FGN 2000). A fusão do Banco Agrícola e Cooperativo da Nigéria, do Banco Popular da Nigéria e do Programa de Promoção Económica das Famílias.

Organização das Nações Unidas para a Alimentação e a Agricultura (Ed.). (2011). Women in agriculture: closing the gender gap for development. Rome: FAO.

ACI (1995) Aliança Cooperativa Internacional (ACI). Revisão das cooperativas internacionais. 4:85- 86 pp 7.

Jamieson (2018) Sustainable development and beyond environment and societal impacts Group National centre for atmospheric research Vol 24, issues 2-3, page 183-190

Mbam, N. (2017). Avaliação do desempenho do Banco da Agricultura na entrega de microcrédito a agricultores rurais na área de governo local de Ohafia do estado de Abia, Nigéria. Semantic Scholar Corpus ID: 53494976.

Mejeha, R. Bassey, A,eObasi, I. (2018). Determinantes do reembolso de empréstimos por agricultores beneficiários no âmbito do Esquema Integrado de Agricultores no Estado de AkwaIbom da Nigéria. Jornal de Agricultura e Ciências Alimentares Volume 16 Número 2, outubro de 2018.

Mgbebu, S. e Achike, I (2017). Análise da aquisição e reembolso de empréstimos entre os produtores de arroz em pequena escala no estado de Ebonyi, Nigéria. Jornal de Economia e Finanças.IOSR Jornal de Economia e Finanças. Publicado em 1 de maio de 2017

Comissão Nacional da População (2006). O Gabinete Nacional da População. Abeokuta, Estado de Ogun, Nigéria. Nation Master 2012. Breve informação sobre a agricultura da Nigéria. Nation Master.com 2003-2012. From <www.nationmaster.com 'Africa 'Nigeria> (Retrieved 12 May, 2012). Pg 20.

Ojiako, I. A. e Ogbukwa B. C. (2012) Análise económica da capacidade de reembolso de empréstimos de pequenos agricultores cooperativos na área governamental local de Yewa North do Estado de Ogun, Nigéria. Jornal Africano de Investigação Agrícola. 7(13):2051-2062.

Okorie, A. (2009). Major Determinants of Agricultural Loan Repayments, Savings and Development, X (1).

Olagunju (2017) Restrições ao acesso, utilização e reembolso do empréstimo do Banco da Agricultura pelos agricultores no centro-norte da Nigéria.

Oyeyinka, R.A. e K.K Bolarinwa (2009) Using Nigeria Agricultural

Cooperative and Rural Development Bank Small Holders Direct Loan Scheme to Increase Agricultural Production in Rural Oyo State, Nigeria: Jornal Internacional de Economia Agrícola e Desenvolvimento Rural
-2(1): 2009.

Pearson, R. e Greef, M. (2016). Causes of Default among Housing Micro Loan Clients, FinMarkTrust Rural Housing Loan Fund, National Housing Finance Corporation e Development Bank of Southern Africa, África do Sul pp.18

Poulton, C., Kydd, J.e Dorward, A. (2016).Overcoming market constraints on pro-poor agricultural growth in sub-sharan Africa. Development Policy Review, 24(3):243-277.

Reed (2016) Shifting from Sustainability to regeneration (An integrated design collaborative) Arlington, M.A, USA.

Sowa, N. K. (1996) inflation, interest rates and banking. The Ghanaian banker, (4) 1, WCED(1987).Comissão Mundial para o Ambiente e Desenvolvimento sobre sustentabilidade através de
United Nation Oxford University publication ISBN 019282070

ÍNDICE DE CONTEÚDOS

CAPÍTULO I 3

CAPÍTULO DOIS 9

CAPÍTULO TRÊS 42

CAPÍTULO QUATRO 45

CAPÍTULO CINCO 52

REFERÊNCIAS 56

Printed by Books on Demand GmbH, Norderstedt / Germany